旗 標 FLAG

好書能增進知識 提高學習效率 卓越的品質是旗標的信念與堅持

旗 標 FLAG

http://www.flag.com.tw

イラスト図解式　この一冊で全部わかるネットワークの基本

MIS

一定要懂的網路技術知識82個

感謝您購買旗標書,
記得到旗標網站
www.flag.com.tw
更多的加值內容等著您…

<請下載 QR Code App 來掃描>

1. FB 粉絲團：旗標知識講堂
2. 建議您訂閱「旗標電子報」：精選書摘、實用電腦知識搶鮮讀; 第一手新書資訊、優惠情報自動報到。
3. 「更正下載」專區：提供書籍的補充資料下載服務, 以及最新的勘誤資訊。
4. 「旗標購物網」專區：您不用出門就可選購旗標書!

買書也可以擁有售後服務, 您不用道聽塗說, 可以直接和我們連絡喔！

我們所提供的售後服務範圍僅限於書籍本身或內容表達不清楚的地方, 至於軟硬體的問題, 請直接連絡廠商。

● 如您對本書內容有不明瞭或建議改進之處, 請連上旗標網站, 點選首頁的 讀者服務, 然後再按右側 讀者留言版, 依格式留言, 我們得到您的資料後, 將由專家為您解答。註明書名 (或書號) 及頁次的讀者, 我們將優先為您解答。

學生團體　訂購專線：(02)2396-3257 轉 361, 362
　　　　　傳真專線：(02)2321-2545

經銷商　服務專線：(02)2396-3257 轉 314, 331
　　　　將派專人拜訪
　　　　傳真專線：(02)2321-2545

國家圖書館出版品預行編目資料

MIS 一定要懂的 82 個網路技術知識 /
福永 勇二 著；黃瑋婷 譯
臺北市：旗標, 2018.02　面；　公分

ISBN 978-986-312-504-4 (平裝)

1. 電腦網路　2. 網路伺服器

312.16　　106024168

作　　者／福永 勇二 著
翻譯著作人／旗標科技股份有限公司
發 行 所／旗標科技股份有限公司
　　　　　台北市杭州南路一段15-1號19樓
電　　話／(02)2396-3257(代表號)
傳　　真／(02)2321-2545
劃撥帳號／1332727-9
帳　　戶／旗標科技股份有限公司
監　　督／楊中雄
執行企劃／張根誠
執行編輯／張根誠
美術編輯／林美麗
封面設計／古鴻杰
校　　對／張根誠

新台幣售價：360 元
西元 2024 年 8 月 初版 9 刷
行政院新聞局核准登記-局版台業字第 4512 號
ISBN 978-986-312-504-4

前言

拜網路之賜，郵件、網站、社群軟體、聊天軟體、線上遊戲這些常用的工具在我們的日常生活當中隨處可見，可是，很可惜地，我們卻不瞭解這些工具共同的橋樑，也就是「網路」的架構。

本書將聚焦在「網路」這個讓我們「又愛又陌生」的角色上，書中將以深入淺出的方式介紹學習網路基礎必備的知識。具體來說，要掌握網路基本常識並且立竿見影，我們需要 TCP/IP 基礎及架構、各種網路設備的功能、網路應用程式的通訊處理方式、避免惡意攻擊的安全機制，以及實際執行所需要的相關知識及技巧。

撰寫本書，不僅僅要讓讀者外行看熱鬧，更希望藉由具體實例及計算方法，讓讀者瞭解每個主題的來龍去脈，同時更容易想像這些技巧要運用在哪些地方。再者，當我們在提到未來的網路時，勢必會提到像是虛擬化以及 SDN（Software Defined Network，軟體定義網路）這些新的網路技術。

一般人常覺得網路「難懂」最主要的原因就是網路內部無法直接窺見或是親手碰觸到，只能停留在想像的境界，因此期待各位讀者在閱讀本書時，能一邊思考如何能將書中提到的每個項目運用在電腦上，或是實際去體驗一下書裡所提到的設備，將實物與理論互相印證與對照，相信這一定能加速讀者對網路的瞭解程度。

本書內容豐富，專為以下對象量身打造：準備從事 IT 工作的新鮮人、網管人員、希望能在網路技術與實務之間取得完美平衡的自學者、希望學習 SDN 等最新網路基礎技術的進修學習者。

Chapter 1 網路基礎知識

Chapter 2

TCP/IP 基礎知識

Chapter 3 TCP/IP 通訊架構

Chapter 4 網路設備及虛擬化

Chapter 5 各種網路服務技術

Chapter 7 網路建構及操作方式

Chapter

1

網路基礎知識

本章介紹認識電腦網路一定要知道的基本觀念，讓您從這些關鍵知識掌握網路的整體概念。

01 電腦和網路

從 IT 到 ICT

電腦的英文是「Computer」，可看到是由「Compute(計算)」和「er」這兩個字所組成，早期電腦就是一台「具有計算用途的設備」。那麼，現在我們所使用的個人電腦、智慧型手機等裝置也同樣具備這樣的功能嗎？我們可以利用它們來讀取郵件、上社群網站、搜尋資料、玩線上遊戲以及利用文書處理軟體製作文件 ... 等，可以發現現今的電腦具有多樣化的用途，已經跳脫原本的計算功能。從電腦的用途廣泛這點來看，已經和過去出現極大的差異性，這是因為電腦並不是單獨執行動作，**它絕大部分的工作都脫離不了「通訊」作為媒介**。

此外，我們還可以由一些熱門技術名詞的變化窺見一二，現代人應該很少沒聽過「IT」這個詞，「IT」是「Information Technology（資訊科技）」一詞的縮寫，通常在我們提到電腦相關技術領域時常會聽到，除此之外，另外還有一個最近經常被提到的用語，那就是「ICT」，「ICT」是「Information And Communication Technology（資訊與通訊科技）」的簡稱，指的是電腦與通訊相輔相成的一種技術領域。由此可見，在現今這個時代，電腦和通訊之間已發展成密不可分的關係。

甚麼是「網路」？

電腦本身所具備的運算功能來自於硬體、作業系統 (OS) 及應用程式，也就是軟硬體共同運作後的結果，那麼，通訊功能究竟是透過何種方式所產生的呢？答案就是「**Network（通訊網路）**」。要掌握電腦的原理，必須同時瞭解硬體和軟體兩方面同樣地，若要搞懂通訊，就非得弄清楚甚麼是網路。

這也就是本書的主題 -「網路」。

看圖學觀念！

從熱門技術名詞的變化可看出人類對於通訊的關注程度

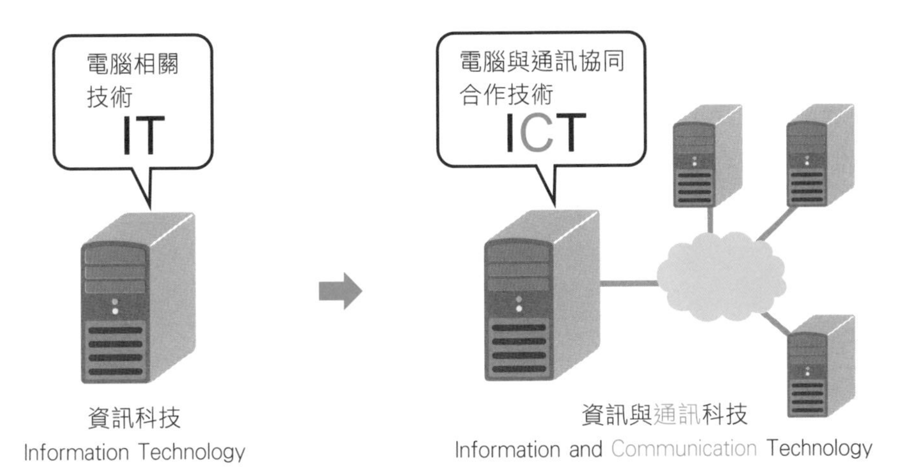

本書涵蓋範圍

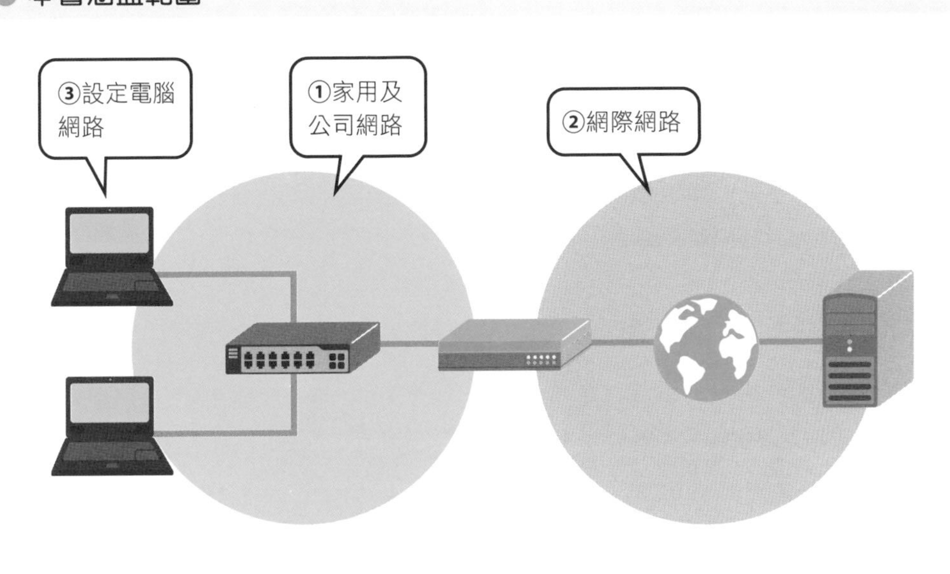

02 學習網路知識的準備

對於多數使用者來說，不一定需要知道原理，只要按部就班操作，就能輕鬆使用網路。對於個人用途來說，這種掌控程度或許已經足夠，然而，如果是工作所需的話，瞭解整個網路架構的來龍去脈絕對是必要的。

● 用 Where、What for 等關鍵詞來整理思路

正式介紹各種網路概念和技術前，希望各位讀者瞭解一個觀念，那就是**網路的功用其實就是「提供一種利於應用程式彼此進行資料處理，以執行各種作業的機制」**，從用途來看網路的工作其實很單純。至於學習過程中接觸到那些看起來艱深難懂的用語只是用來表示「為了執行各種作業，所需要的各種資料傳遞規範、裝置設備、通訊媒介以及資料格式等等」。

比方說，當我們瀏覽網頁的時候，**網頁瀏覽器**和**網站伺服器**這兩方所處理的資料形式和順序其實是固定的，它們會被加上 HTTP 這樣的名稱，而且 HTTP 以下的階層在傳送資料給對方時，必須遵守一致的規範。比方說，需要「位址」以指定接收端，以及規定資料毀損時重新傳送的步驟等。當電腦要傳送資料時，它會透過電子訊號或光電訊號，將訊號夾帶在電纜線或光纖纜線中，中間會經過不同的裝置，最後再到達接收端電腦。

我們只要**將每個步驟加以整理、解析，那些看似複雜的網路觀念也能瞬間一點就通，接著再由點、線、擴大至面，融會貫通、一氣呵成**。

● 家用網路和企業網路本質上是一樣的

家用網路和企業網路兩者在基本架構上並沒有太大的差異，企業藉由每日嚴格的控管，以提高裝置的可靠性。為了讓裝置隨時維持最佳使用狀態及嚴密的安全性，相對地也必須購置更高階的設備，雖然這些裝置看起來高不可攀，不過別擔心，工作上若有機會接觸這些設備，請對照本書享受學習的樂趣！

看圖學觀念！

從「懂得設定網路使其運作」晉升到學習網路架構的原理！

網路的功能就是讓應用程式能彼此進行資料處理

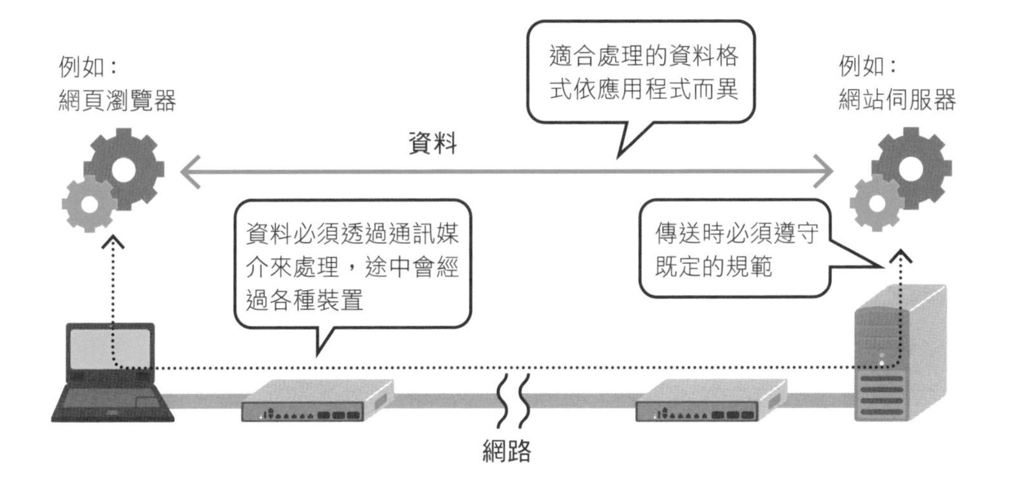

企業、家庭網路基本架構是一樣的

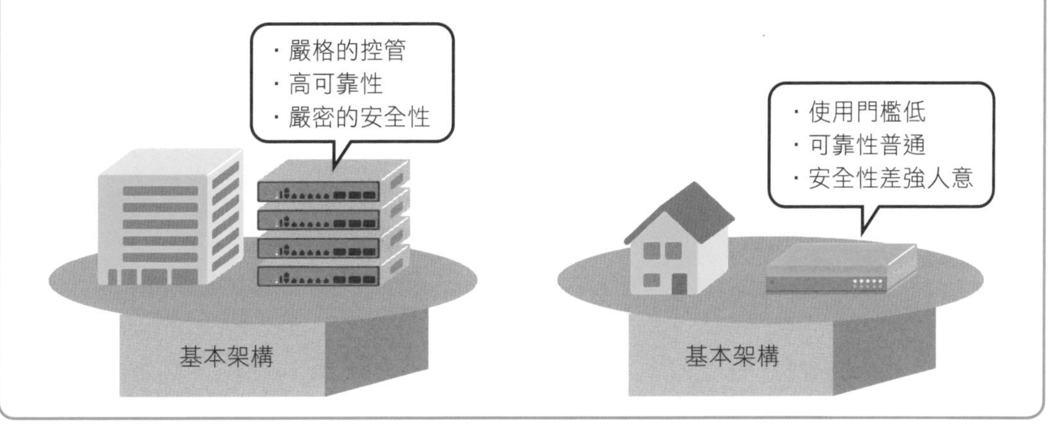

03 通訊協定

甚麼是「通訊協定」？

人類彼此在溝通的時候必須使用相同的語言，A 使用中文，B 同樣也要用中文；A 使用英文，B 也得使用英文。電腦間在進行通訊時也是一樣，它們必須遵循相同的規範來傳送或接收資料，才能建立通訊作業。電腦間所應遵守的規範就稱為「通訊協定」，或是簡稱為「協定」。

通訊協定包含了「資料格式」和「通訊程序」兩大部分。所謂「資料格式」就是指定要用何種格式來傳送資料，而「通訊程序」則是用來訂定處理的順序及處理內容。通訊協定規定了電腦彼此在進行資料處理時，必須透過甚麼樣的順序、格式以及處理的資料類型。

指定通訊程序是一項既複雜又龐大的作業，因為在處理過程中有可能出現各種情境組合，其中，有絕大部分的行為有可能造成錯誤，就必須想辦法避免。此外，每一種通訊協定所涵蓋的處理範圍並沒有想像中那麼廣，因此有許多通訊處理作業必須搭配好幾種結構的通訊協定使用。

通訊協定的制定方式

通訊協定必須歷經標準化的過程，才能成為全球共通的規範。舉凡負責研發電腦作業系統 (OS) 等通訊處理軟體的機構，或者開發集線器 / 路由器等通訊設備的組織等，都必須遵循公開、共通的規範來開發軟硬體。

IETF(Internet Engineering Task Force, 網際網路工程任務小組) 這項網際網路經常用到的通訊協定就是由國際標準化機構所制定，然後再將徵求意見書 (RFC, Request For Comment 的縮寫) 等英文文件公告於網際網路上，任何人只要瀏覽這份文件，就能瞭解通訊協定嚴格的定義。

看圖學觀念！

通訊協定規範了哪些內容？

通訊協定所規範的內容包含「資料格式」和「通訊程序」兩個部分。

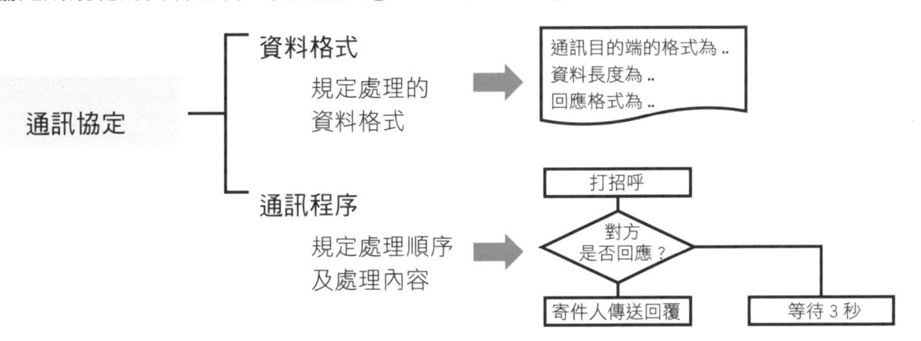

通常通訊協定會彼此搭配運用

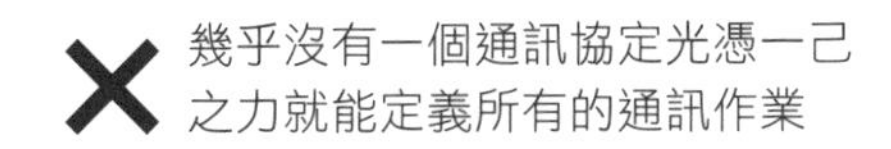

通常我們在定義一個完整的通訊程序時，會將數個通訊協定互相搭配運用

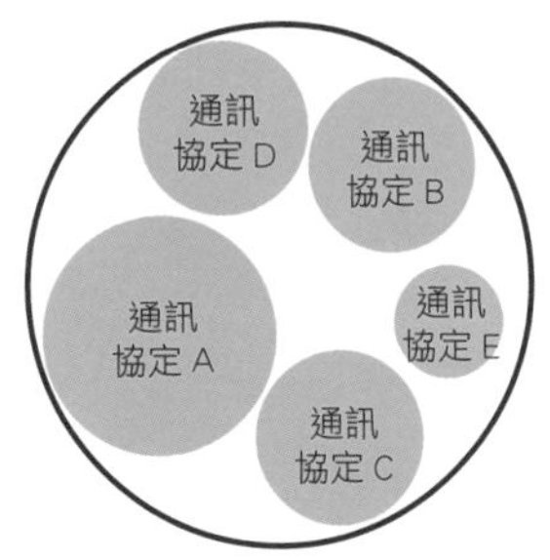

像這樣能夠被整合，並且互相搭配運用的通訊協定組合，就稱為「通訊協定族 (Protocol Suite)」

通訊領域中具代表性的標準化組織

IETF
Internet Engineering Task Force 一詞之縮寫，中文為「網際網路工程任務小組」）

主要負責網際網路相關技術之標準化

ITU
International Telecommunication Union 一詞之縮寫，中文為「國際電信聯盟」）

負責廣泛的電子通訊及無線通訊等相關技術之標準化

3GPP
Third Generation Partnership Project 一詞之縮寫，中文為「第三代合作夥伴計劃」）

主要負責第三代行動電話等相關技術之標準化

除此之外還有很多標準化組織，不勝枚舉。

04 階層

採用階層式結構的理由

通訊協定包含各式各樣的類型，屬於「共同功能」的協定會被放在下層，較偏向「個別功能」的則放在上層。而且為了方便位在下層者也能運用上層的功能，一般我們會將其定義為階層化結構。各位不妨試著用「作菜」這件事來思考，應該會比較容易理解。

假設，若我們要為「法式清湯的作法」定義規則時會發現「青菜切法」、「肉類切法」等都是必要的步驟，但這些食材處理方法同樣適合用來作其他的料理，所以這時候我們可以運用階層式結構，將食材處理方法等步驟放在下層，「法式清湯的作法」等詳細的烹調方法等步驟放在上層。一旦我們在製作法式清湯時需要運用到青菜的切法和肉的切法等步驟時，只要參考下層的步驟即可，如此一來就完成了以階層化方式來定義「法式清湯的作法」。此種思維亦適用於實際作菜時的各種分項作業，負責切肉的人只要遵照肉類切法的步驟就能完成作業。

通訊協定也是透過同樣的思維定義出來的：將通訊時所需的複雜程序依相關性加以彙整，具共同性或是簡易性的放在下層，功能較獨特或是複雜的則放在上層。運用此種階層式結構即可定義全球的通訊規則，我們稱結構中的每一層為「階層(Layer)」或是簡稱為「層(Layer)」。

階層式結構讓作業更輕鬆

階層式結構還有其他的優點，只要設定好每個階層的邊界，就能讓通訊協定的定位更加明確，重組時也更輕鬆。就像做菜的例子，先將階層分為烹調方法層和食材處理方法層，接著就能開始製作什錦火鍋囉！ 首先，我們先將「魚類切法」這個步驟加到食材處理方法層，再將「什錦火鍋煮法」加入烹調方法層，其他像是「青菜切法」、「肉類切法」則可引用法式清湯所使用的作法，像這樣能夠共用相同規則的前提，就是階層的邊界必須非常清楚，這也是階層式結構的優點之一。

看圖學觀念！

將想要執行的工作規則分成上下 2 個階層

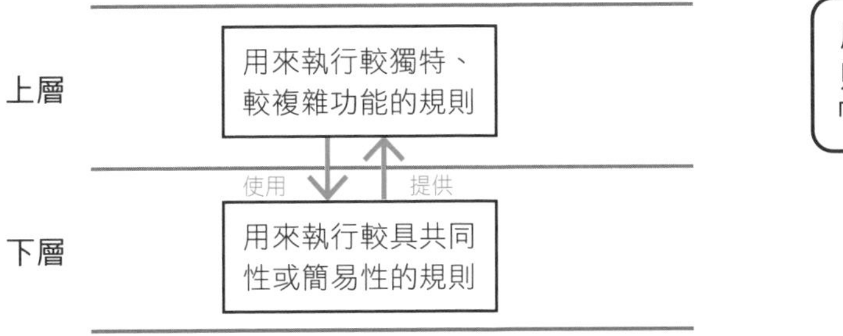

用來區分不同規則的層別就稱為「階層」！

用「作菜」來思考階層的概念

法式清湯

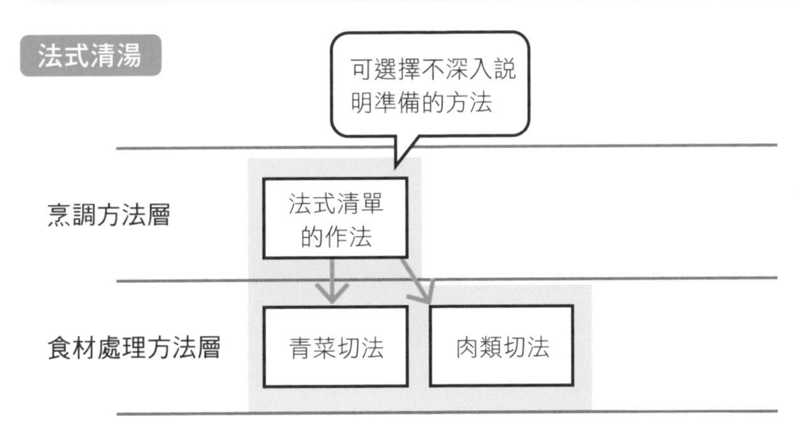

只要將這些步驟加以組合，就能作出法式清湯。

什錦火鍋

可選擇不深入說明準備的方法

烹調方法層：法式清湯的作法、什錦火鍋的作法

食材處理方法層：青菜切法、肉類切法、魚類切法

只要將這些步驟加以組合，就能作出什錦火鍋。

05 OSI 參考模型

甚麼是「OSI 參考模型」?

「OSI(Open System Interconnection: 開放式系統互連)參考模型」是將電腦所需的功能歸納整理為 7 大階層。從「模型」這個詞可以看出，它所採用或是彙整的方法只有一種，不過它並不希望成為某種刻板的設計圖，也絕非獨一無二、不容挑戰的邏輯，然而它卻能以最有效率的方法將通訊所需的功能條理化、系統化，因此迄今仍是學習或是設計通訊功能時必備的基礎知識。

根據 OSI 參考模型的定義，通訊系統包含七大組成要素：實體層(第一層)、資料鏈結層(第二層)、網路層(第三層)、傳送層(第四層)、會談層(第五層)、表現層(第六層)以及應用層(第七層)。從概念上來說，OSI 係以第一層為最底層，依序層層堆疊上去，下層負責提供抽象化的功能以供上層使用。

舉例來說，資料鏈結層的功能就是讓直接連結的電腦能彼此建立通訊作業，這麼一來，上一層的網路層就能叫出資料鏈結層所執行的功能(讓直接連線的電腦能彼此通訊)並且加以使用。除此之外，網路層本身還另外新增了一項轉送的功能，讓彼此之間並未直接連線的電腦能互相通訊，接著，再往上走是傳送層，它可以呼叫並使用網路層所執行的功能(讓任意兩台電彼此通訊)，並且再新增一項可用來提高可靠性的重送功能，如此一來，就能讓傳送層本身具備更高可靠性的通訊功能了。

像 OSI 參考模型一樣具有基本的體系結構，並且藉由一定的概念或架構來建立網路的作法 就稱之為「網路架構(Network Architecture)」。最具代表性的網路架構除了 OSI 參考模型外，就非 TCP/IP 模型莫屬了，後續會再詳談。

補充 依照每一層的處理程序分別加以彙整成為套組的作法被稱之為「協定堆疊」，比方說常常會用到的「TCP/IP 協定堆疊」等。

看圖學觀念！

OSI 參考模型採用七層架構來管理通訊功能

第七層 (L7)	應用層	…… 實際執行通訊服務作業（電子郵件、網頁等）
第六層 (L6)	表現層	…… 在資料的表現形式之間進行轉換
第五層 (L5)	會談層	…… 執行包含開始到結束等所有的通訊步驟
第四層 (L4)	傳送層	…… 根據不同的可靠性用途，提供適合的特性
第三層 (L3)	網路層	…… 利用轉送等方式，為任意兩端的裝置建立通訊
第二層 (L2)	資料鏈結層	…… 為直接連線的裝置建立通訊
第一層 (L1)	實體層	…… 規定連接器形狀及接腳數等實體連接規格

通常我們會使用「第〇層」或「L〇」的稱呼方式來取代該層名稱。
例如：以「第三層」或「L3」來取代「網路層」。

每一層的數字稱號可唸成英文，不過通常我們習慣用中文來稱呼。
例如：Layer 1、Layer 2、L1、L2等。

階層間的關係

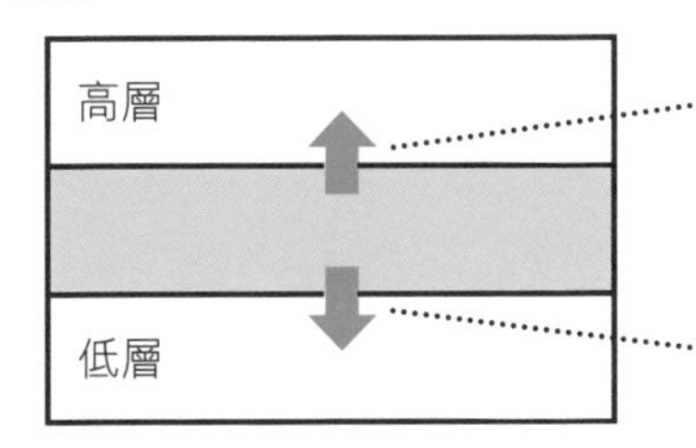

為高層提供本層通訊處理時所執行的功能

運用低層的功能，於本層進行各種通訊處理作業

OSI 參考模型與程式之間的關係

例：如何將 OSI 參考模型的功能分類實際對應到程式結構上

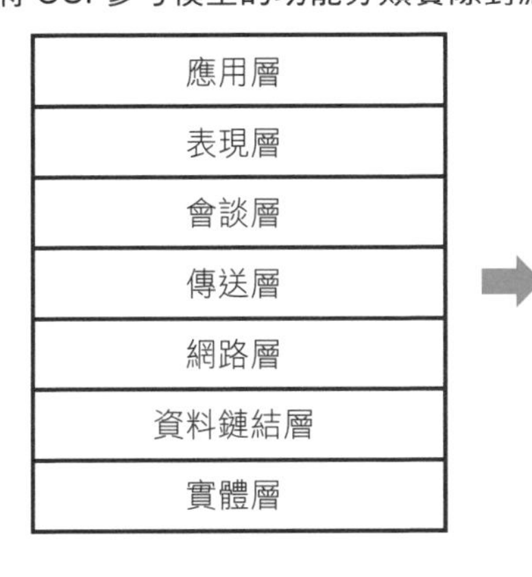

→

應用程式	
TCP 處理模組	UDP 處理模組
IP 處理模組	
乙太網路控制模組	
乙太網路硬體	

TCP/IP 協定堆疊（TCP 處理模組、UDP 處理模組、IP 處理模組、乙太網路控制模組）

06 LAN 和 WAN

LAN 和 WAN 有何不同？

網路可以大致分類為 LAN(區域網路 :Local Area Network) 和 WAN(廣域網路 :Wide Area Network) 等兩種類型。**LAN 是一種適用於辦公室或家庭等單一服務據點內的網路**，以前的 LAN 包含了各式各樣的規格，近幾年大多數的環境採用乙太網路，因此 LAN 和乙太網路幾乎被畫上等號。除此之外，一般也會使用無線區域網路，也就是不需要實體網路線，直接透過無線方式連線。

WAN 則是一種讓據點和據點間互相連結的網路，此種線路大多為電信業者所有，因此通常必須向電信業者申租才能使用。此外，為了方便一般用戶使用乙太網路連線服務，有時候連接到辦公室或家庭的線路也會被稱為「WAN」。近年來隨著光纖纜線的普及，有許多 WAN 服務採用光纖線路，而 WAN 必須向電信業者申租設備，因此同時也需要支付設備使用費或是通訊服務使用費等費用。相對來說，LAN 大多使用自備的設備，一般來說並不會發生前述的費用。

網際網路也是一種 WAN 嗎？

網際網路透過互聯 (InternetWorking) (詳見第 1-7 節) 的方式，連結全球的網路，成為世界性的通訊網路，不過，網際網路這個名稱指的是橫跨全球的網路，因此網際網路 ≠ WAN。

從另一個角度來看，網際網路採用互聯機制，因此必須將不同據點互相連接起來，如前面所述，據點和據點連線必須透過 WAN，這時候各位可能會提出一個問題，那就是「網際網路必須用到 WAN 嗎？」，答案是 YES!

看圖學觀念！

LAN 和 WAN 的關係

單一據點內的網路稱為「LAN」，讓據點和據點互相連結的網路則稱為「WAN」。

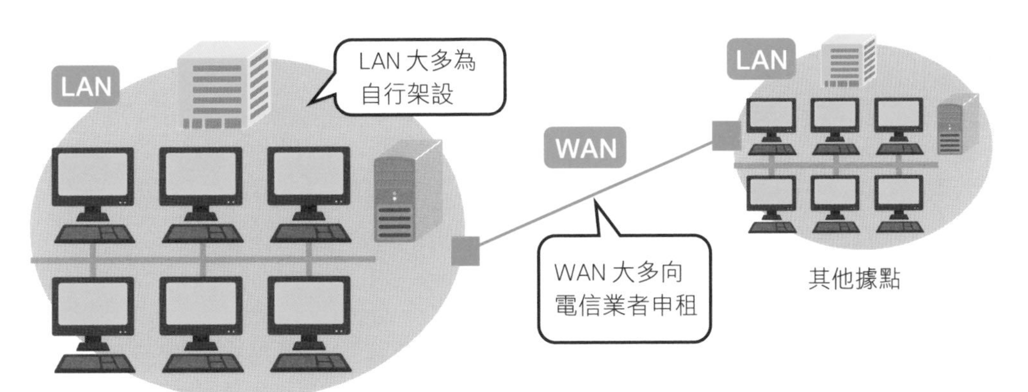

網際網路 ≠ WAN

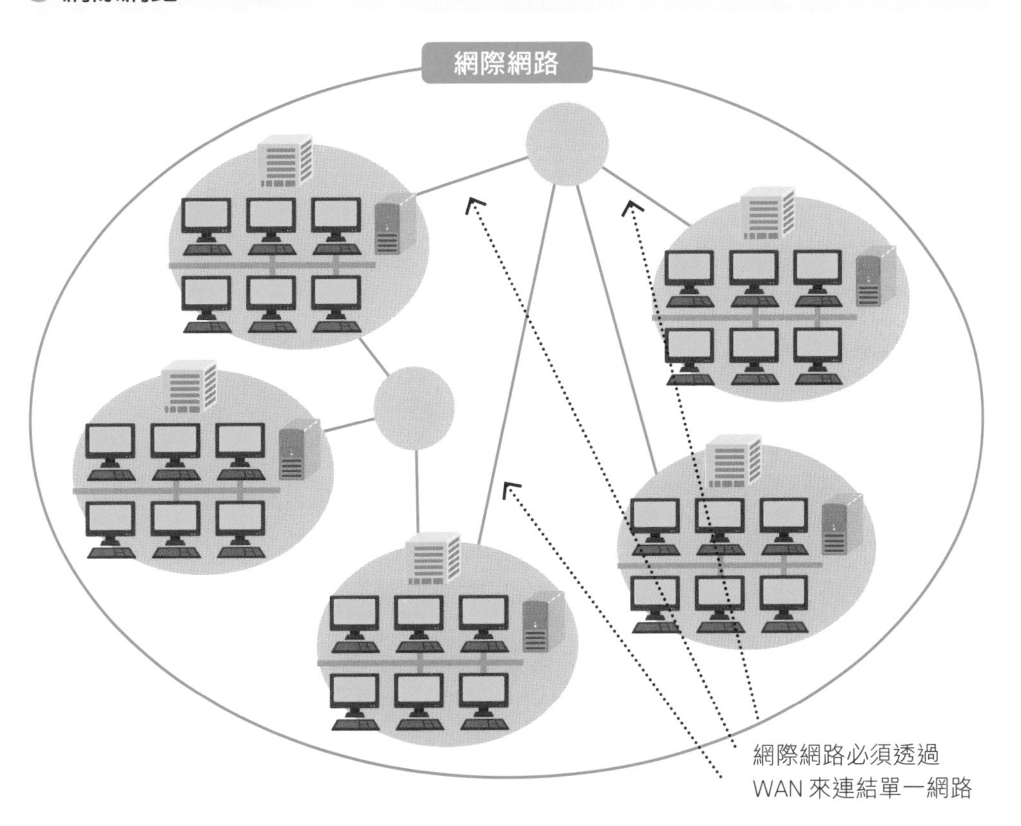

07 互聯的概念

● 甚麼是「互聯」？

若有多組網路連接至電腦，那麼讓這些網路彼此互相連接的機制就稱為「互聯」，此外我們通稱採用此種架構，且規模更大的網路為「網際網路」。

「互聯」是用來建立大規模網路的一種方法，它除了能架構一個單一的巨型網路，還能集結多個網路，建立一個大型網路。「互聯」的優點在於能避免不必要的通訊作業被散佈到整個網路、可限制故障影響範圍、以及根據相關組織所制定的方針妥善管理每個單一網路。

●「互聯」需要甚麼條件？

建立「互聯」機制的前提就是必須有一個具備「互聯」功能的通訊協定，以目前最普遍的 TCP/IP 網路來說，IP(Internet Protocol: 網際網路協定) 本身就具有「互聯」的功能。

具體來說，每個網路各有不同的網路位址，傳送資料時必須根據網路位址這個線索，並且利用所謂的「路由」功能，才能將資料傳遞到目的端網路，此外，連接到網路的每台電腦都會被配置一個稱為「IP 位址」的專屬識別資訊。

●「網際網路」一詞在語意上的差異

一般我們稱呼這種利用「互聯」機制所架構的網路為「網際網路」，可是，平常發送郵件或瀏覽網頁時所使用的網路也稱為「網際網路」，從中文來看，確實容易出現語意上的混淆。可是，若以英文來表示的話就很明確，前者稱為「an internet」，後者則為「Internet」或「the Internet」，本書若未特別註明，就表示「網際網路」指的是英文的「the Internet」。

看圖學觀念！

將小規模網路互相連接，以建立大型網路

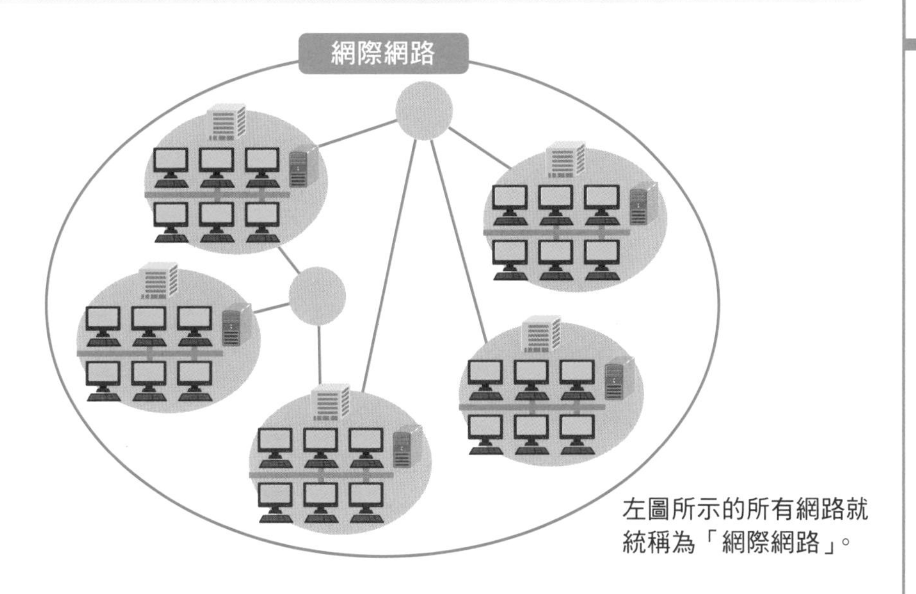

左圖所示的所有網路就統稱為「網際網路」。

「互聯」機制的優點

避免散佈不必要的通訊作業

可限制故障影響範圍

根據相關組織所制定的方針妥善管理每個單一網路 等

「網際網路」這個名稱易造成語意上的混淆

一種利用互聯機制所架構的網路。

廣義的網際網路

英文原文為「an Internet」

一種用來連結全球網路的「網際網路」。

狹義的網際網路

英文原文為「the Internet」或「Internet」

中文皆稱為「網際網路」，不過卻容易造成混淆...

＊本書若未特別註明，表示所指的是狹義的網際網路。

08 網際網路連線的組成要素

●「辦公室、家庭」區

辦公室或家用網路在使用網際網路時，首先必須透過佈線到這些據點的光纖纜線，然後再連接到網際網路進行通訊處理作業。接下來我們來看看它們的連線方式。

電信業者所架設的光纖纜線一般會**透過一個稱為 ONU(光纖寬頻數據機) 的裝置，連接到辦公室、家用路由器或是各種網路裝置**。近幾年有許多公司會在辦公室等網路入口設置各種安全機制，以避免駭客入侵網路，例如若想公開網頁所使用的伺服器時，則會先建立一個稱為「DMZ(隔離區)」的區域，然後再將公用伺服器存放在 DMZ。

●「寬頻網路」區

光纖纜線的前端被連接到資料中心，而該資料中心是由負責提供寬頻網路的業者所架設的設備，這通常是電信公司的工作，**電信公司的前端設有寬頻網路業者的內部網路，透過這個內部網路，到達和 ISP (網際網路服務供應商：Internet Service Provider) 之間的接點**，接著進入 ISP 的網路。

●「ISP」區

進入 ISP 的範圍後，會透過 ISP 內部網路到達網際網路。當網際網路進入連線狀態後，即可讓 ISP 和 ISP 互相連接在一起，除了台灣外，還能連接到其他國家的 ISP，為了能讓資料處理作業順利運作，每個使用者皆受到妥善的管理。ISP 可分為第 1 級 ISP(大型 ISP)、連接到第 1 級的第 2 級 ISP，以及連接到第 2 級的第 3 級 ISP，每一級 ISP 各自擁有使用者，大型的資料中心大多設置在美國，直接連結資料中心的業者稱為第一級 (Tier 1)ISP，全球約有 10 家。

補充 網際網路連線包含許多要素，一旦發現無法連上網際網路，首先必須確認原因出在哪個環節。

看圖學觀念！

● 從辦公室到網際網路

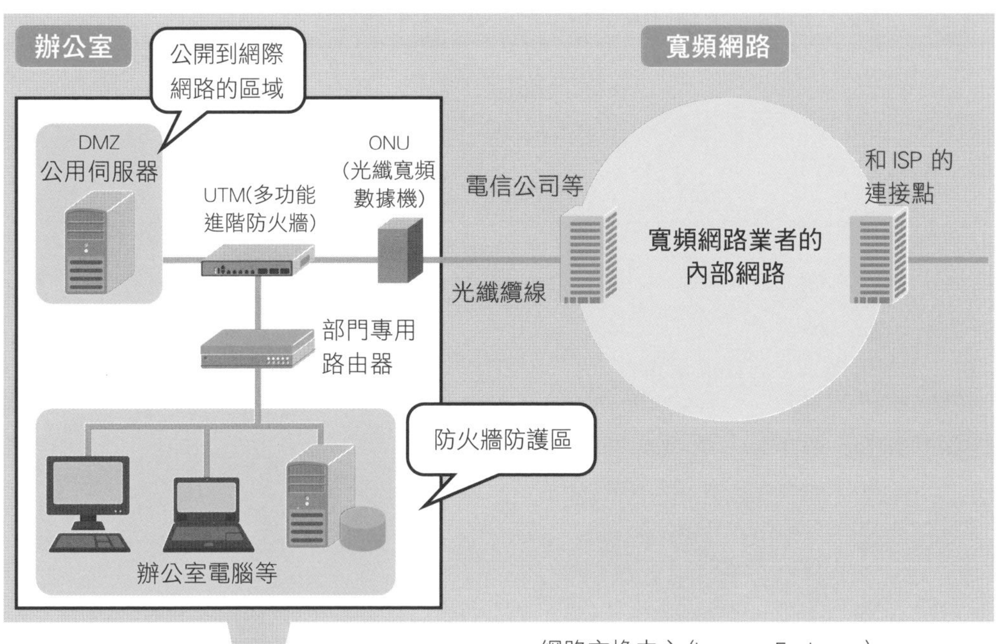

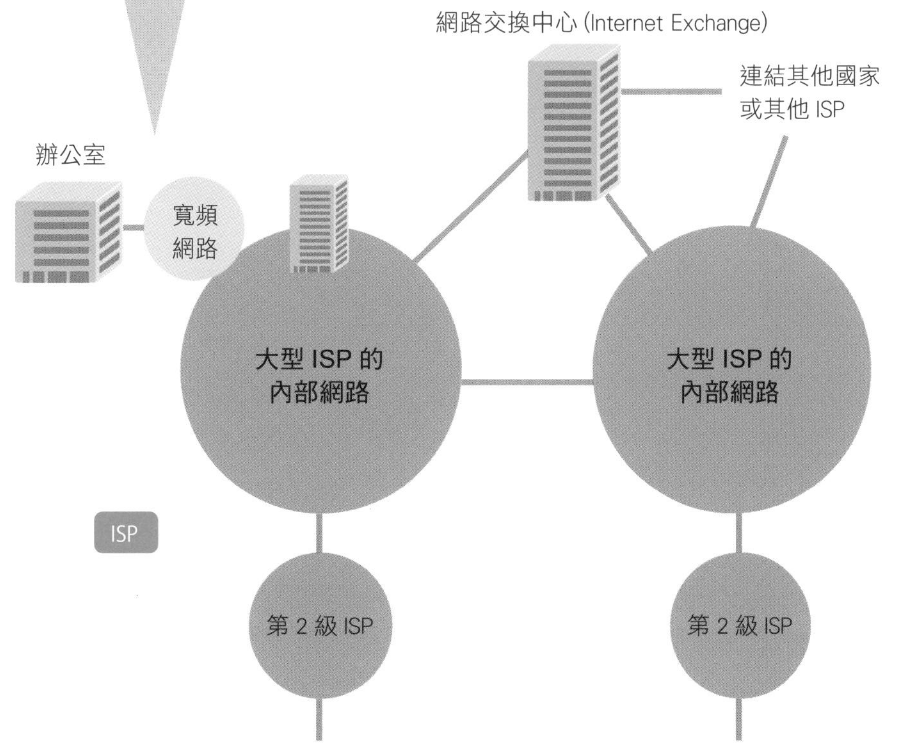

09 企業網路的架構

利用 WAN

家用網路通常只有 1 個據點，相較之下，企業組織的網路則包含了多個據點，結構也複雜得多。比方說，企業最常出現的需求就是將總公司和數家分公司或是營業所互相連結。

要連結每個據點，必須透過電信業者所提供的 WAN 服務，像**廣域乙太網路**就是其中一例。近年來，隨著此種服務類型愈趨普及，只要透過乙太網路就能讓所指定的據點互相連結，完全不需等待，它可以被視為乙太網路的延伸版，優點就是不需要特別的裝置，而且還能確保安全性，只不過每個月的使用費並不便宜，並非人人負擔得起。

有一種方法可以用親民的價格連結每個據點，那就是**網際網路 VPN(Virtual Private Network: 虛擬私有網路)**連線。VPN 是一種建立在某個公用網路上的虛擬網路技術，網際網路 VPN 係建立在網際網路的基礎上，因此它最吸引人的地方在於使用者只要支付一般的上網費率，使用門檻不高，不過，在安全性的強度和速度方面，則遠遜於廣域乙太網路。

企業內網路 (Intranet) 和企業間網路 (Extranet)

所謂「企業內網路 (Intranet)」就是運用 WWW、電子郵件、TCP/IP 等網際網路技術來架構組織內的電腦網路，所使用的伺服器及網路裝置和網際網路相同，因此能有效降低裝置或營運成本。

而「企業間網路 (Extranet)」同樣是運用網際網路技術，來連結隸屬於不同組織的「企業內網路」，藉以互相進行資料交換處理。「企業間網路 (Extranet)」主要用於電子商務用途，因為通訊對象是其他公司，因此相較於「企業內網路」更需要考慮安全性的問題。

看圖學觀念！

企業內部所使用的 WAN

廣域乙太網路
電信業者所提供的 VPN

- 安全性高
- 速度快
- 費用高

網際網路 VPN

- 安全性普通
- 速度依情況而異
- 費用很低

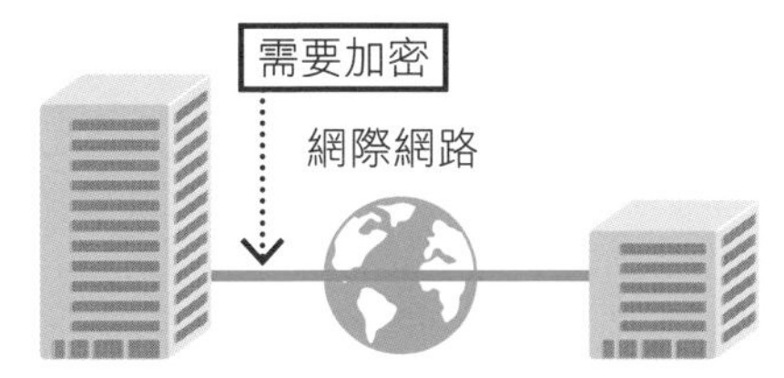

企業內網路 (Intranet) 和企業間網路 (Extranet)

「企業內網路」是一種運用網際網路技術的組織內網路。

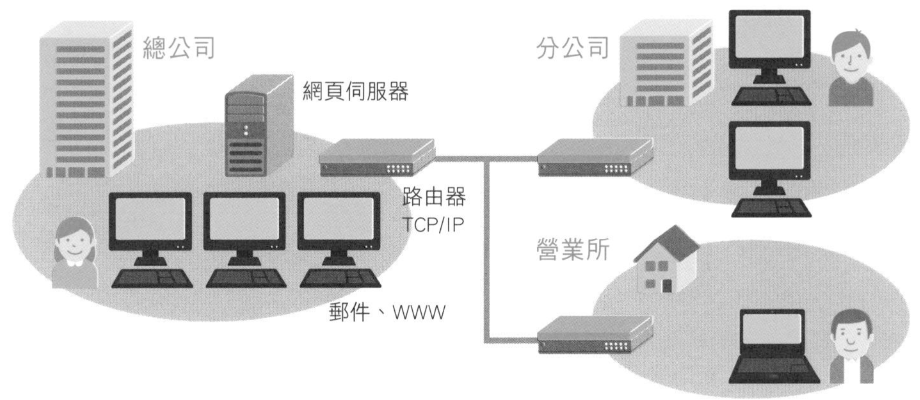

企業內網路互相連結，即成為「企業間網路」。

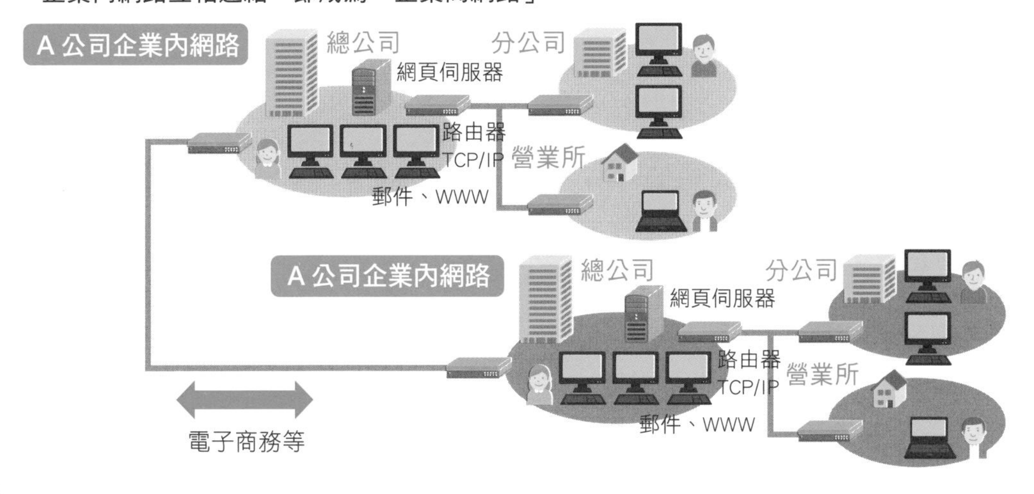

10 「用戶端/伺服器」和「點對點」通訊

電腦對電腦進行通訊時的關係，依所扮演的功能不同，可大分類為用戶端 / 伺服器型和點對點型。

●「用戶端 / 伺服器」型的特色

「用戶端 / 伺服器」型網路通訊內的電腦有用戶端或伺服器等 2 種類型，兩者之間的關係以伺服器為「主」，提供大部分的功能；而用戶端為「從」，可使用伺服器所提供的所有功能。

以「用戶端 / 伺服器」型來說，伺服器必須具備較高的處理能力，用戶端則幾乎不需要太高的處理能力，因此，只要使用低價的電腦，並購買多台用戶端，就能降低整體系統的成本。另外，由於大部分重要的功能是由伺服器所提供，所以優點在於只要將維護營運的重點放在伺服器即可，不過相對來說，一旦伺服器發生故障，所造成的影響層面也較嚴重。除此之外，當設置於總公司的伺服器要為多個據點提供通訊服務時，即使對象近在眼前，好比是相鄰的兩台電腦，仍然必須透過遠端的伺服器來執行，這麼一來，就容易造成通訊量增加、回應速度慢等問題。

●「點對點」型的特色

點對點型的電腦一視同仁皆具有對等的關係，一般並不會被賦予特定的功能。

點對點型缺乏一台可提供主要功能的電腦，因此不太容異因為特定電腦發生故障，以致癱瘓大部分的網路功能。

此外，本型不需要事先定義好每台電腦所扮演的功能，所以輕鬆就能加入網路，不過相對來說，採用本型的每一台電腦必須具備某個程度以上的處理能力，因此不適合會造成個別處理負載的用途，比較適合處理量較小的用途。

補充 業界經過多方嘗試，將智慧型手機搭配點對點技術，創造出更好用、效率更高全新通訊服務型態的核心技術 - WebRTC（網路即時通訊技術）。

看圖學觀念！

「用戶端 / 伺服器」型的功能配置

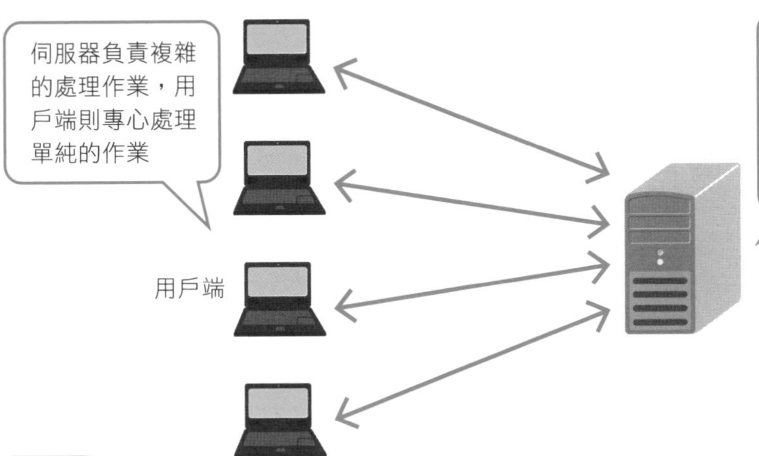

特色

- 當用戶端台數較多時，可使用較低價的電腦，以降低成本。
- 維護及運作時的重點都在伺服器上，可簡化用戶端的維護作業。
- 一旦伺服器發生故障，將對整個系統造成嚴重的影響。

「點對點」型的功能配置

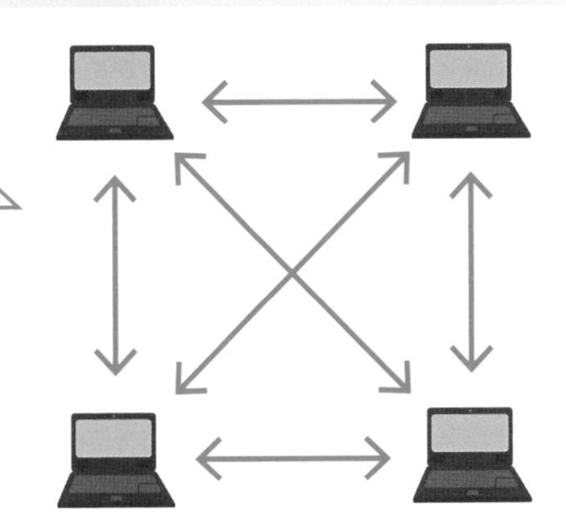

特色

- 並未指派哪一台電腦負責主要功能，即使其中一台發生故障，也不太可能嚴重影響整個系統。
- 需要單獨針對每台電腦進行維護，有可能因此提高維護成本。
- 加入連結的電腦通常處理能力並不高，因此不適合作為繁雜的處理作業。

11 電路交換及封包交換

● 封包交換的使用率較高

在執行通訊的過程中，將某份資料傳送到目的端對象就稱為「交換」。**利用通訊纜線將通訊端點互相連結以進行交換的方式，即稱之為「電路交換」**。此種方式的優點就是，只要建立一個通訊雙方獨佔的物理通路，即可利用電路方式將通訊雙方連結在一起。不過相對地，當雙方停止資料交換時，仍會佔用電路通路，造成通路資源浪費。

近幾年，網路通訊大多改用「**封包交換**」以取代「電路交換」。「封包交換」就是將所要處理的資料切割為較小的資料單位，也就是所謂的「**封包 (Packet)**」，然後再透過共同的通訊電路加以傳送。由於通訊電路為所有端點共用，所以當某台電腦不需要和目的端進行通訊了，其他電腦就能使用這個通路，因此這種方式的通訊效率較高。

● 封包就是將資料切割為較小單位

一般來說，**封包的標準格式就是先以固定的單位來切割資料，接著在前面加上「標頭 (header)」**。標頭可用來指定傳送目的端、傳送來源端資料、所傳送資料之相關資訊等，封包的具體格式應以通訊協定所定義的資料格式為準。

比方說，像乙太網路這一類型的網路介面，同樣會將資料切割成較小的單位，稱之為「**訊框 (Frame)**」，不過，兩者只有名稱不同，概念上則是完全一致。通常和硬體比較相關的大多採用「訊框」一詞，以軟體處理為主的則採用「封包」的稱呼方式，無論哪一種皆可統稱為「**PDU** (Protocol Data Unit: 協定數據單元)」。

補充 共用同一個通路來交換封包時，當通路閒置，封包送達時間變短，忙碌時所需時間則較長，電路交換則不會發生這樣的問題。

看圖學觀念！

電路交換的概念

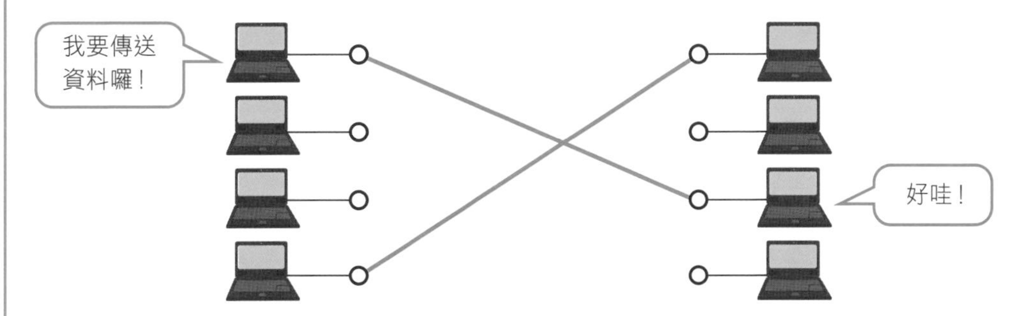

透過獨佔電路的方式和通訊對象互相連結，但是不需要通訊時，
仍會佔用並浪費通路資源。

封包交換的概念

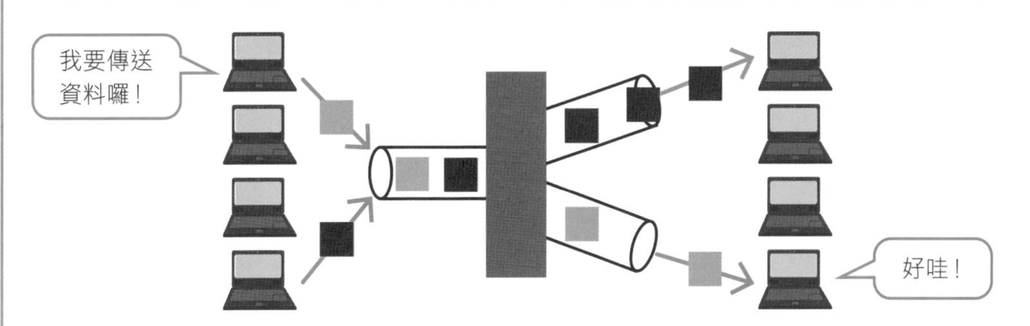

所有通訊端點共用通路，當某一台電腦不需要進行通訊了，
其他電腦就可以傳送封包，所以此種方式的使用效率較高。

甚麼是「封包」？

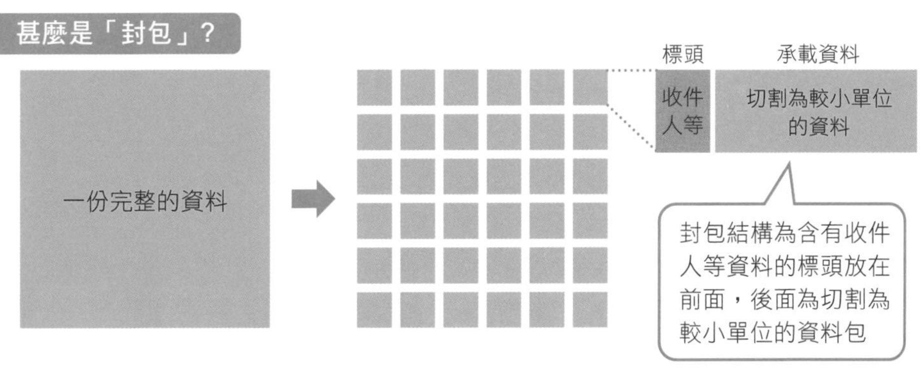

封包會將一份完整的資料細分並切割為較小的單位。

12 二進制

網路只能處理十進制？No!

我們日常所使用的數字表示法稱為「**十進制**」，它的規則就是使用數字 0~9 這十個數字，一超過 9 就往左邊進位，可是一旦進入電腦或網路世界，則必須使用完全不同的表示法，例如本節所介紹的「**二進制**」。

「二進制」和「十進制」兩者在規則上的相同之處就是如果該數字無法用一個位數來表示就必須進位，不同的地方在於「**二進制」只使用數字 1 和 2**，所以，十進制的 0，以二進制來表示時，一樣是「0」，1 同樣是「1」，但是 2 則必須進位為「10」。感覺好像有點複雜，不過，若要表示電腦裡的電流、電壓等資訊時二進制則更為適合。

第 2 章我們會介紹「IP 位址」，它可用來識別連結到網路上的電腦，「IP 位址」是由 0~255 當中找出 4 個數字加以組合表示，比方說「255」這個數字若是以十進制來表示的話，感覺有點單調，二進制的話剛好可以用一個漂亮的 8 位數「11111111」來表示。讀者只要透過本節掌握二進制的基本概念，相信接下來遇到更複雜的電腦或網路觀念一定更能輕鬆融會貫通！

二進制的讀法及寫法

當我們看到「10」這個數字的時候，通常無法分辨這究竟是十進制的「10」？還是二進制的「10」(十進制的「2」) 呢？有時候我們可能會同時使用十進制和二進制兩種表示法，這麼一來我們就需要透過某些方法來分辨了。

通常有好幾種方法可以用來表示目前所使用的是否為二進制表示法，無論採用何種方法，只要能清楚辨別即可。本書所使用的方法就是在末尾加上「**b**」這個字母，以供讀者辨別該數字所採用的是二進制表示法。二進制的「1」讀為「壹」，「0」讀為「零」，讀法和十進制完全相同，不過當位數增加時，讀法將略有不同；要表示 2 位數以上的數字時，每個位數將以「1」或「0」的連續數字來表示，例如，十進制的「9」表示為二進制時為「1001」，讀為「壹零零壹」。

看圖學觀念！

以二進制來表示網路上的資料

IP 位址

十進制表示法

二進制表示法

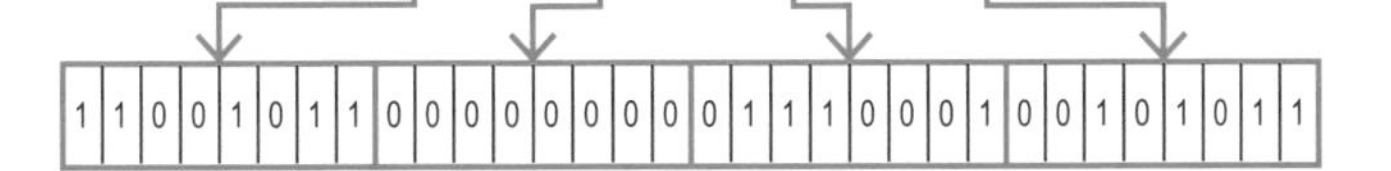

以二進制來表示數字

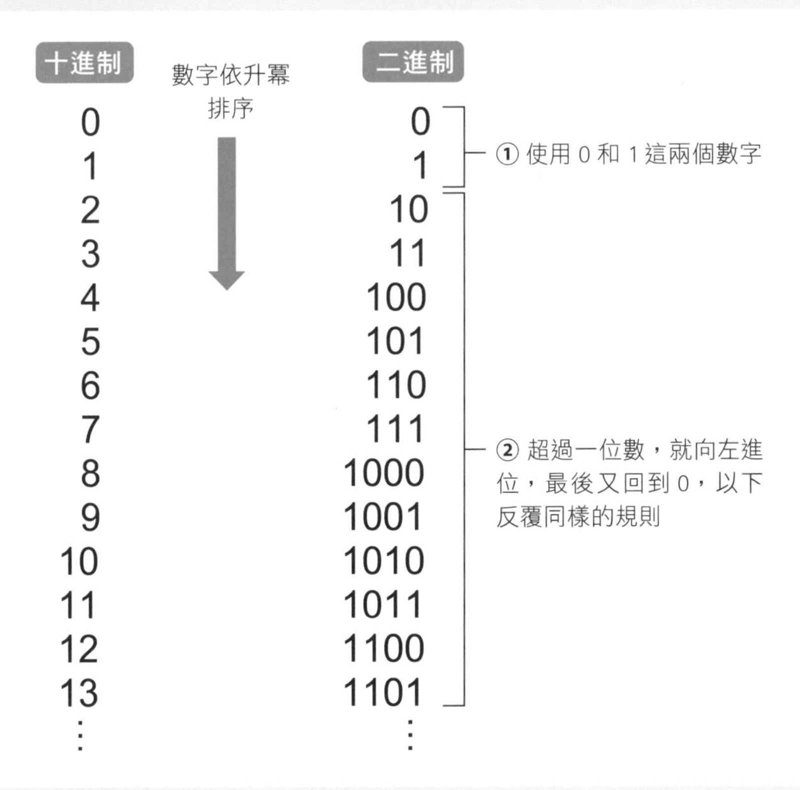

如何辨別二進制表示法

① 10b　末尾加上字母「b」
② $(10)_2$　用括弧刮起來，最後再加上一個下小字「2」
③ 0b10　在最前面加上「0b」

本書採用第①項方法來告知讀者目前所使用的是二進制表示法。

13 十六進制

比二進制更常用的十六進制

在電腦的世界裡，經常會用十六進制表示法來表示。十六進制利用 0~9 這十個數字以及 A~F 這六個字母來表示數字，這 16 個字元可用來表示 0~15 的一位數，超過 16 就進一位。從本質上來看，十六進制和電腦的機制之間具有密切的關係，因為以前面介紹的二進制來說，能用一位數來表示的數字少之又少，所以實際表示出來的數字就會變得很長，以電腦內部處理作業來說，這並不會造成任何問題，但人類在判讀時卻不怎麼方便。

這時候十六進制就派上用場囉！每一位十六進制數字可對應為四位數的二進制數字。所以，以二進制來表示的冗長數字，一旦用十六進制表示就會瞬間縮短。若要將數字由二進制轉換為十六進制，必須從最後一個位數開始，以四個位數為區隔單位，接著再利用二進制與十六進制對照表來轉換，反之，若要將十六進制轉換為二進制，則反向操作。

十六進制的寫法及讀法

無論是二進制或十六進制，必須先確定總共有幾個位數，若前面的位數沒有數字，則必須補 0。比方說，十進制的「9」，表示為十六進制時為「09」，二進制為「00001001」。

同樣地，也有好幾種不同的方法可以辨別該數字是否採用十六進制表示法。本書所採用的方法就是在末尾加上「h」這個字母。又，以十六進制來表示的數字該怎麼「讀」呢？ 和二進制一樣，只要依照位數別依序往右讀即可，例如「A73F」讀為「A 七三 F」。有些人常常練習，馬上就能在腦子裡面轉換為二進制 -「1010011100111111」。)

補充 將十六進制數字轉換為十進制時，必須將每個位數的數值乘以權數後加總，每個位數所對應的權數由右而左分別為 1、16、256、4096，比方說十六進制的 789A 若要轉換為十進制，其計算方法為 4096x7+256x8+16x9+10=30874。

看圖學觀念！

何時使用十六進制？

MAC 位址

十六進制是以字母來表示數字

11-22-AA-BB-CC-DD

例如 MAC 位址就是配置給網路裝置的識別號碼。

以十六進制來表示數字

十進制	十六進制
0	0
1	1
2	2
⋮	⋮
8	8
9	9
10	A
11	B
⋮	⋮
15	F
16	10
17	11
⋮	⋮

數字依升冪排序

①使用 0~9 以及 A~F 共 16 個字元

②超過一位數，就向左進位，最後回到 0，以下反覆同樣的規則

十進制、二進制及十六進制對照表

十進制	二進制	十六進制
0	0	0
1	1	1
2	10	2
3	11	3
4	100	4
5	101	5
6	110	6
7	111	7
8	1000	8
9	1001	9
10	1010	A
11	1011	B
12	1100	C
13	1101	D
14	1110	E
15	1111	F

如何辨別十六進制表示法

① 10h　末尾加上字母「h」
② $(10)_{16}$　用括弧刮起來，最後再加上一個下小字「16」
③ 0×10　在最前面加上「0×」

本書採用第①項方法來告知讀者目前所使用的是十六進制表示法。

COLUMN

各種網路技術及適用場合

有時候我們可能會產生「網路上有太多專有名詞的縮寫，看都看不懂」的困擾，這時候建議各位可以根據該技術的用途等資訊，將這些名詞做個整理，這就像我們觀賞國外的影集時，只要先把出場角色的名字和關係事先整理過一遍，整個故事的來龍去脈就更一清二楚了。接下來，我們利用下圖將本書中所提到的通訊協定和技術適用於辦公室網路裡的哪一段標示出來，讓讀者們的思路更有系統。

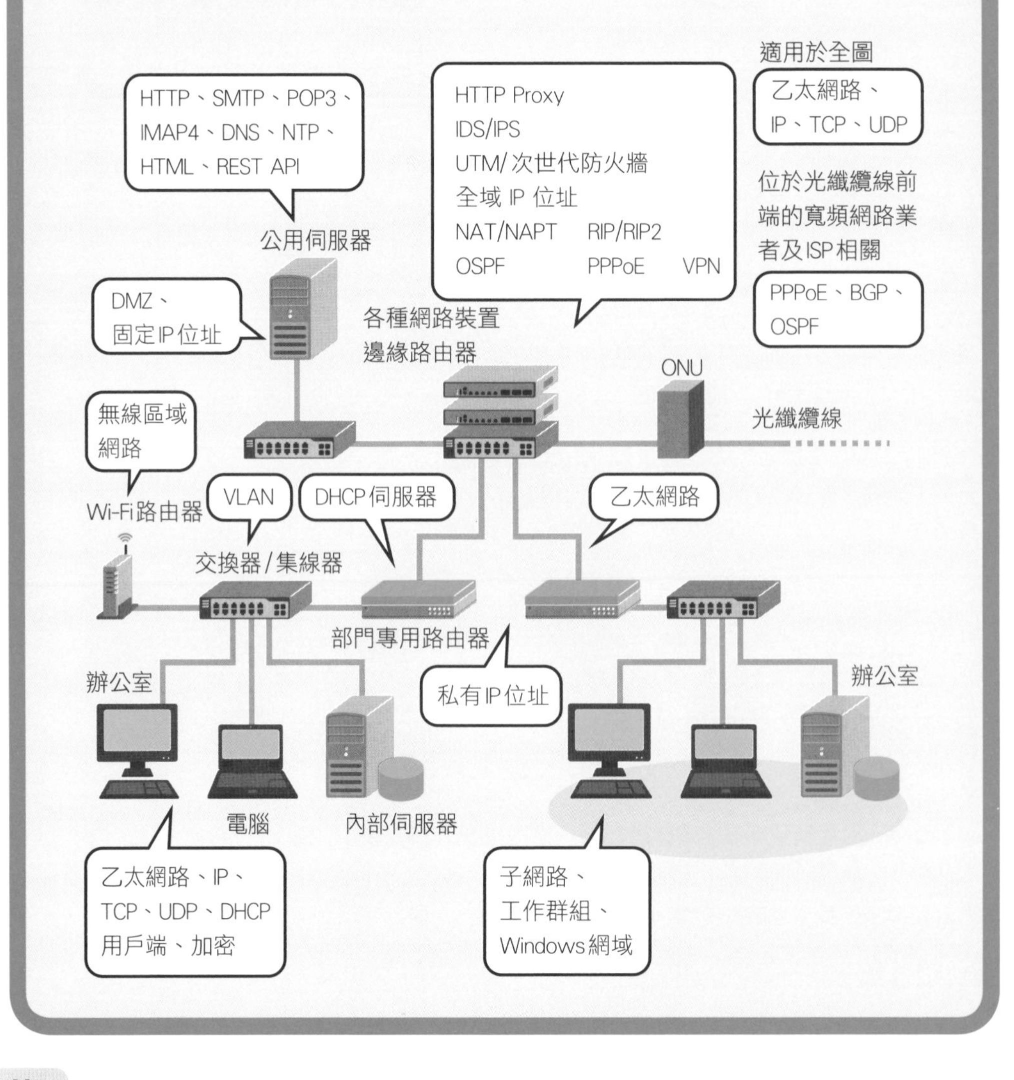

Chapter

2

TCP/IP 基礎知識

本章將針對在網路世界裡扮演舉足輕重角色的 TCP/IP，深入介紹它的架構、每一層的功用，並概述其核心技術以及它在裝置中的定位等，都是實務上必須知道的專業技術知識。

01 TCP/IP 階層架構

TCP/IP 階層架構

TCP/IP 是一種被廣泛運用在網際網路等電腦網路上的通訊協定，乍聽之下，TCP/IP 好像只是單一名稱，但事實上它卻是一個協定組，包含了 TCP (Transmission Control Protocol: 傳輸控制通訊協定) 和 IP (Internet Protocol: 網際網路協定) 這兩個協定。

TCP/IP 透過 4 層模型來架構所有的功能，由下而上分別是**網路介面層**、**網際網路層**、**傳輸層**、**應用層**，較低層的功能可供較高層使用。

每一層的功能以及主要對應的通訊協定

網路介面層的功能就是為直接連結的通訊端點建立通訊連線，這一層包含了實體裝置。具體來說，就是透過符合乙太網路標準的「網路卡」來執行網路介面層的功能。

網際網路層是建構在網路介面層的功能基礎上，再加上轉送功能，藉以和未直接連線的通訊對象，也就是其他網域的對象互相通訊，以實際的例子來看，TCP/IP 架構中主要的一項協定 - IP 協定就被歸類在這一層。

傳輸層透過網際網路層所提供的通訊功能，並且依據不同的使用目的來進行通訊控制，像是 TCP 和 UDP 都屬於本層的協定，TCP 負責執行資料確認或是重送等作業，是一項能達到高可靠性通訊品質的協定；而 UDP 則是降低通訊處理的可靠性，以換取即時性更高的通訊品質。

最上一層是**應用層**，它可用來執行每個應用程式的功能，它包含了 HTTP、SMTP、POP3、IMAP4 等協定，這些協定分別適用於各種應用程式，這些通訊協定利用下一層，也就是傳輸層所提供的通訊功能，來達成各種重要的功能。

看圖學觀念！

TCP/IP 階層架構

TCP/IP 是由 4 個階層所組成，每一層分別規範了不同的通訊協定。

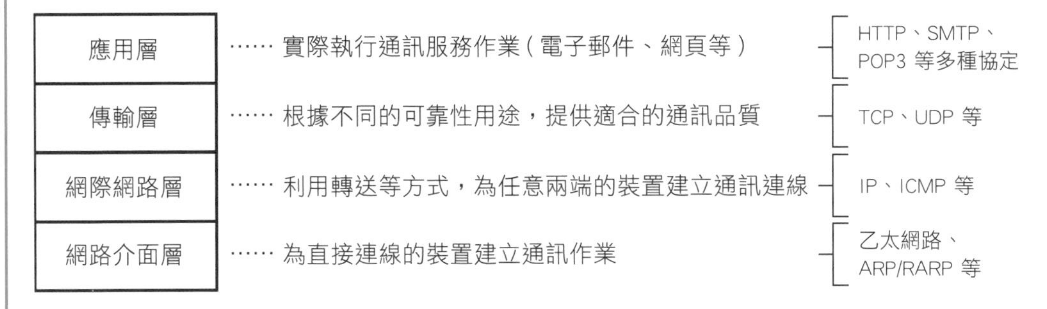

應用程式就是將每一層的協定加以組合應用

用途不同，適合搭配使用的協定亦各不同。

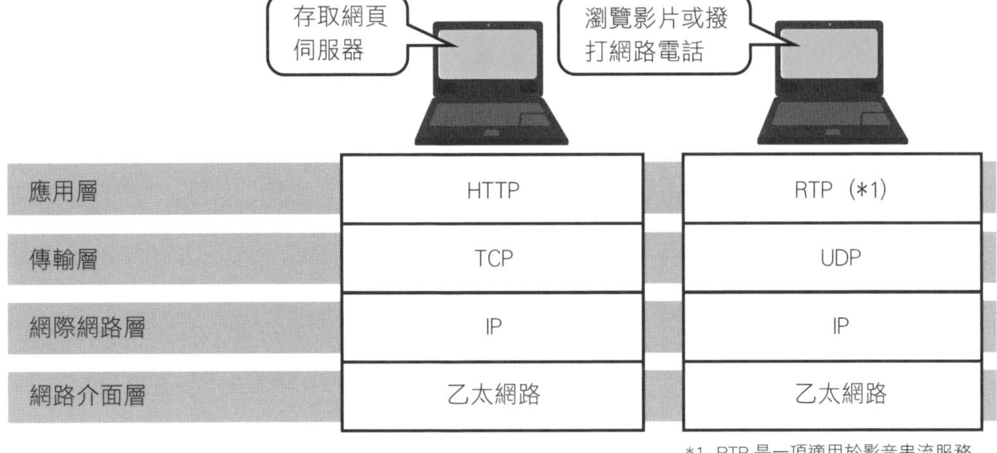

*1 RTP 是一項適用於影音串流服務的通訊協定。

例如，存取網頁伺服器時，需要使用可靠性較高的 TCP，以避免資料遺漏，若是觀賞影片或是撥打網路電話這一類速度至上的用途，則必須使用即時性較高的 UDP。

02 對照 OSI 參考模型

OSI 參考模型和 TCP/IP 誕生背景

1982 年各家大廠為了將原本百家爭鳴的網路架構統整為一，於是在 ISO（國際標準組織）和 ITU （國際電信聯盟）登高一呼之下，創立了 OSI (Open Systems Interconnection: 開放式系統互連）這項網路標準規範，OSI 所使用的通訊模型就稱為「OSI 參考模型」。同一時期，還有另一項標準，稱之為 TCP/IP，有別於 OSI 的發展方式，採用 TCP/IP 的大多為研究中心，當時，也有人持相反意見，認為 TCP/IP 主要為研究用途，不適合實務使用。

之後，隨著 OSI 規範制定完成，卻發現所規範的內容過於複雜，難以普及化；相較之下，TCP/IP 則因為概念簡單，而廣為被採用，直至今日。

各層的對應關係

OSI 參考模型和 TCP/IP 模型無法百分百完全對應，每個人對於各分層的解釋亦各有不同，不過兩者在功能的整合方式以及階層結構上極為類似，因此一般來說，可依下述方式互相對應。

TCP/IP 的**網路介面層**可對應到 OSI 參考模型**的實體層和資料鏈結層**。實體層規定了連接器類型及腳位配置，資料鏈結層則是為兩個直接連結的資料鏈路建立連線。

對應到**網際網路層**的是**網路層**。網路層具有轉送功能，以及透過該機制讓未直接連結的通訊對象建立通訊連線等功能。另外，**無論是 OSI 或 TCP/IP 模型，兩者對於傳輸層所定義的名稱及功能皆為一致**，該層主要在於提供更高階的通訊控制功能。

應用層則可對應到 OSI 參考模型中的**會談層、表現層及應用層**等這三層，會談層負責連線管理，應用層負責轉換字元碼等表示形式，而應用層則是執行每一種應用程式的功能。

看圖學觀念！

OSI 和 TCP/IP 比較表

OSI 和 TCP/IP 皆為網路架構。

類型	模型名稱	制定單位	各種協定的普遍程度
OSI	7 層模型	國際標準組織 (ISO、ITU)	過於複雜，難以普及
TCP/IP	4 層模型	研究機構 (如史丹佛大學等)	概念簡單，普及度高

制定 OSI 的目的在於整合網路架構，不過現實卻是 ...

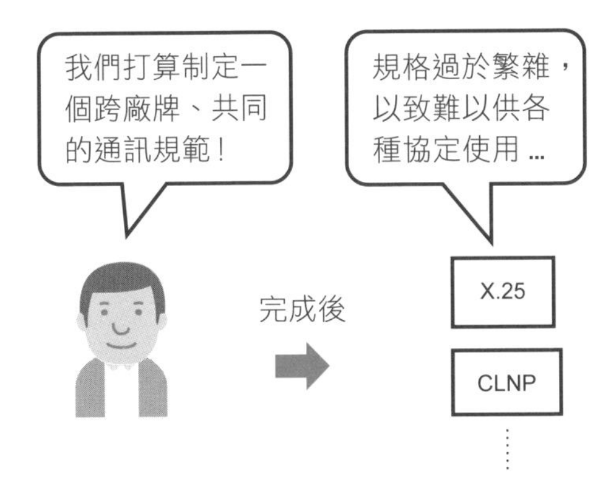

OSI
應用層
表現層
會談層
傳送層
網路層
資料鏈結層
實體層

OSI 參考模型用途極廣，包含網路功能分析、設計、學習等。

各層的對應關係

OSI 參考模型	TCP/IP 階層模型
應用層	應用層
表現層	
會談層	
傳送層	傳輸層
網路層	網際網路層
資料鏈結層	網路介面層
實體層	

TCP/IP 並非遵照 OSI 的規範所制定出來的，因此無法百分百互相對應。

03 網路介面層的功用

網路介面層的功用

網路介面層位於 TCP/IP 模型的最底層，**它的功用就是為直接透過網路硬體裝置連結的電腦，建立相互通訊的鏈路**。

網路介面層並不具備「互聯 (Internetworking)」的功能，因此只能為那些已經直接連結在一起的電腦建立通訊連線，無法透過轉送方式讓兩者互相通訊。換句話說，它所能提供的不過是最基本、最簡單、最低限度的通訊功能。

網路介面層有哪些重要的通訊協定？

本層有一個最具代表性的通訊協定，那就是**乙太網路** (Ethernet)。一般市面上所銷售附有有線區域網路功能的電腦，大多使用乙太網路，除此之外，它還能提供 Wi-Fi 功能，也就是藉由無線方式連接區域網路。像 PPPoE(PPP over Ethernet: 點對點通訊協定) 這項協定就是透過乙太網路，來建立一對一的連線關係，此種認證機制已廣為被運用在網際網路連線時的使用者認證上。

隸屬於本層的硬體裝置大多擁有獨一無二的位址 (識別資訊)，亦可稱為硬體位址，這就和乙太網路或 Wi-Fi 所使用的 **MAC 位址**是一樣的，而 MAC 位址和高層所使用的 IP 位址之間的對應機制必須取決於 IP 位址的類別，網路介面層在此扮演了重要的角色。這一層實際包含了哪些通訊協定呢？ 像是根據 IP 位址取得 MAC 位址的 ARP，以及與 ARP 作用機制相反的 RARP 等。

順帶一提，TCP/IP 的網路介面層涵蓋了 OSI 參考模型中實體層的功用，實體層主要是用來規範連接器類型及接腳配置。

補充 在自動連線功能尚未普遍前，要使用網際網路，必須透過數據機，以電話撥接的方式連線到 ISP 的基地台 (Access point)，此種連線方式必須用到 PPP 協定。

看圖學觀念！

本層的功用是為直接連結的電腦互相建立通訊連線

網路介面層

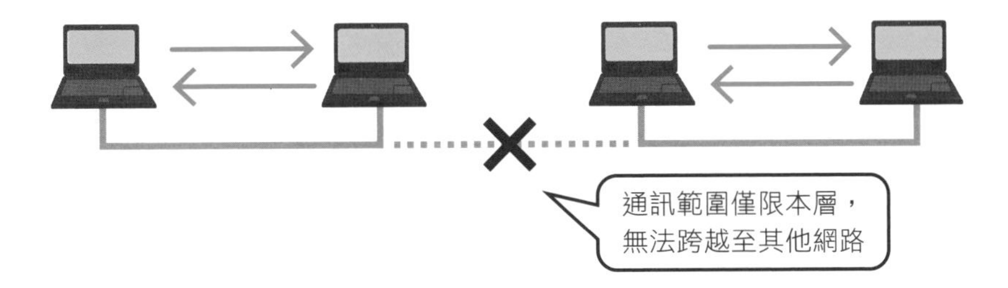

位於 TCP/IP 階層的最底層

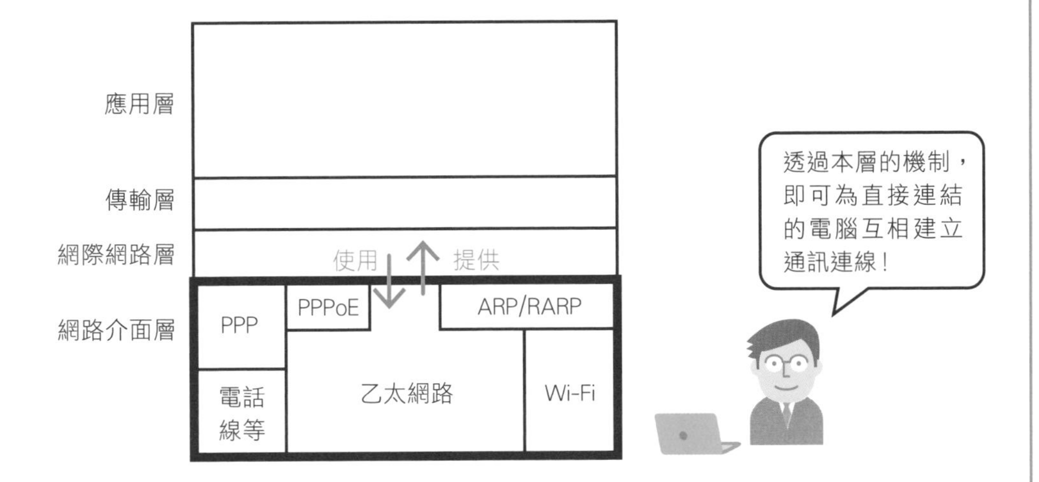

網路介面層的重要協定

乙太網路	有線區域網路當中最廣為使用的一種網路規範。
Wi-Fi	透過無線方式連接區域網路的一種規範。
PPPoE	在乙太網路上進行一對一連線的一種通訊協定，主要是針對網際網路連線服務進行使用者認證。
PPP	以 PPPoE 為基礎的一種通訊協定，透過電話線連線，是過去常用的一種連線方式。
ARP/RARP	可將 IP 位址和 MAC 位址互相轉換的一種通訊協定，通常被應用於乙太網路和 Wi-Fi 上。

04 網際網路層的功用

網際網路層的功用

網際網路層的功用就是將所謂的網路架構，也就是多個網路連結起來，以便讓通訊端點共同執行封包處理作業。位於下層的網路介面層負責提供通訊功能，讓直接連結的電腦彼此建立通訊連線，不過一旦超過該層所定義的範圍，則無法執行通訊功能，這時候必須再搭配網際網路層，這麼一來即使兩台電腦未直接連線，也能彼此通訊。

封包轉送這項功能在網際網路層扮演了極重要的角色，將封包轉送，並傳送到指定的方向，就稱之為「**路由**」。透過路由這項機制，除了能將資料傳送到網路介面層外，還能送達任一個網路端點。

網際網路層還有一項非常重要的工作，那就是為資料加上**位址**，藉以識別所要連線的電腦端點，無論硬體位址 (MAC 位址) 為何，所有連線的網路必須能夠識別每一台電腦。

網際網路層中的重要協定

IP(Internet Protocol: 網際網路協議) 是網際網路層當中最具代表性的一項協定，IP 會依實際需要，針對每個由電腦端點直接連結而成的網路，執行封包路由機制。

IP 可用來識別網路裡每一台電腦的位址，稱之為「**IP 位址**」。IP 位址不得重複，因此每個要加入互聯網的網路時，皆必須遵守這項規則，並且在不重複的原則下，有效率地進行位址分配。目前蔚為主流的 **IPv4**(IP Version 4: 網際網路通訊協定第 4 版) 以及日益普及的 **IPv6**(IP Version 6: 網際網路通訊協定第 6 版) 皆屬於 IP 協定的一員，除非書中特別標示，否則文中將以 IP 代表 IPv4。

看圖學觀念！

將資料轉送到未直接連結的其他網路

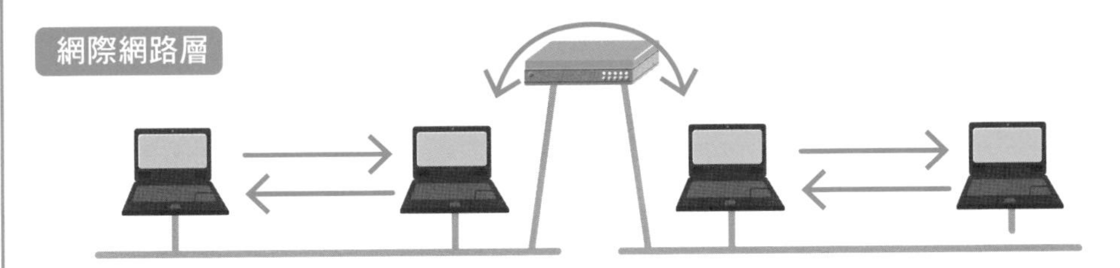

在 TCP/IP 階層中，本層位於網路介面層的上一層

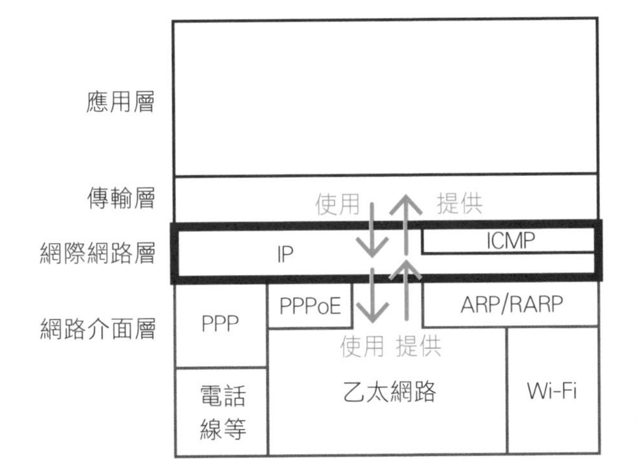

網際網路層的重要協定

IP	針對未直接連結的網路，提供封包路由機制的一項協定，無論電腦是否直接連線，皆可透過此種機制，為任意的電腦端點建立通訊連線。
ICMP	具有輔助 IP 協定機制等特殊功能的一項協定，可用來偵測資料是否能被送達任意端點，若否，則通知失敗的原因。

05 傳輸層的功能

傳輸層的功能

傳輸層會根據網際網路層為任意兩個電腦端點所提供的通訊功能，建立一個特性符合網路使用目的之通訊作業。具體來說，它不但能提高通訊時的可靠性，還能在可靠性較低的狀態下，迅速完成封包傳送。

傳輸層中的重要協定

傳輸層中最具代表性的協定之一就是「TCP(Transmission Control Protocol: 傳輸控制協定)」。「TCP」是一項具備高可靠性通訊品質的協定，我們將在下一節，也就是第 2-6 節做更進一步的說明。首先雙方在開始通訊前，必須先建立「連線」，待通訊完畢後即「中斷連線」。當雙方建立連線並執行通訊作業時，有可能發現所接收到的封包有誤，或是部分封包遺失了，反之，亦有可能出現封包重複傳送，或是封包順序錯誤等情形，這時候我們必須採取相關作法來解決問題，像是要求通訊對象重送資料、刪除重複的資料，或是調整封包順序等措施。

還有一項在傳輸層當中經常被用到通訊協定，那就是「UDP(User Datagram Protocol: 使用者資料包通訊協定)」,「UDP」是一項容易上手、簡便的通訊功能，它不會執行任何可提高通訊可靠性的動作,「UDP」不像 TCP 必須建立連線，也不需要事前準備，隨時可開始通訊作業，而且，它也不會重送或調整封包順序，因此當它收到網路所傳送過來的封包後，就會立刻交給應用層。

TCP 和 UDP 適用的用途依使用目的而異，TCP 具備高可靠性特性，適用範疇極廣，適合網際網路應用等通訊類型，像是網頁所使用的 HTTP、用來傳送接收郵件的 SMTP 等。另一方面，UDP 具備了迅速送達封包的特性，所以適用於影音串流、網路電話等用途。除此之外，UDP 還有一項特性，那就是不需要事先建立連線，所以也適合需要頻繁地向伺服器提出查詢請求的用途，像是 DNS 或 NTP 等。

看圖學觀念！

根據目的不同，為任意的電腦端點提供通訊服務

傳輸層

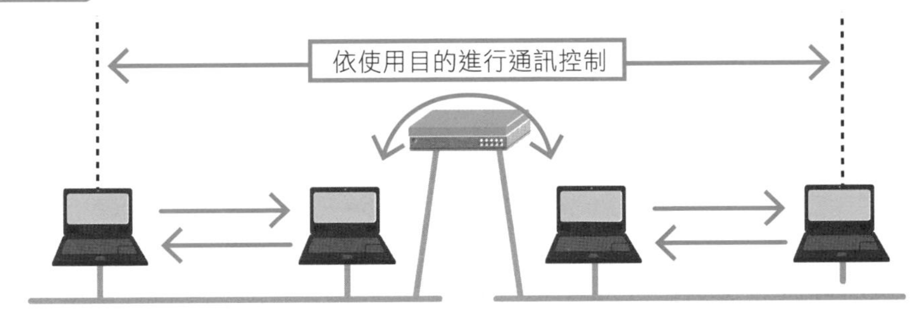

在 TCP/IP 階層中，傳輸層位於網際網路層的上一層

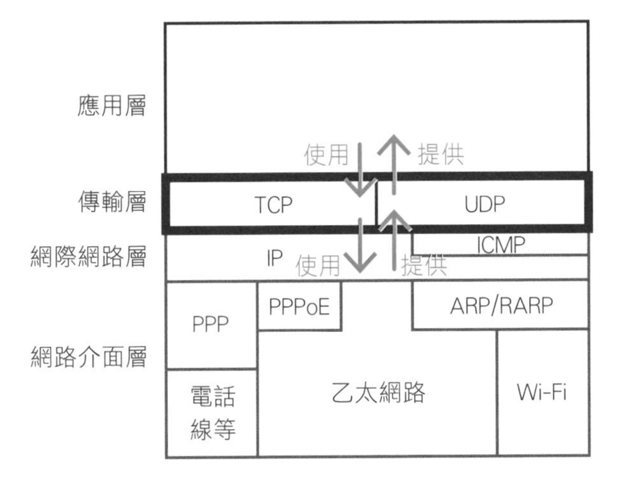

傳輸層的機制就是為任意兩台電腦建立高可靠性、低錯誤率、簡單方便的通訊連線！

傳輸層的重要協定

TCP	可用來提高任意兩台電腦通訊可靠性的一項協定。採用先建立連線，通訊完畢後即中斷連線的機制，具有重送資料或調整封包順序等機制，因此缺乏即時性。
UDP	可直接使用網際網路層所提供的功能，不需要事前準備，是一項簡單好用的通訊協定，如有需要可立即將資料傳送到目的端，並在收到資料後立刻轉送給應用層。

06 TCP 建立高可靠性通訊的程序

TCP 執行哪些工作？

在 2-5 節我們已經介紹過傳輸層協定是**透過 TCP 來建立高可靠性通訊連線**，本節將針對 TCP 的工作做更進一步的說明。

TCP 若要建立高可靠性的通訊品質，必須執行右頁所述的 6 項處理作業，其中第 (3) 項提到，當目的端收到資料後，應做出確認回應，確認時應以較小的資料量為單位依序傳送，尤其若是目的端的通訊延遲時間較長 (像是透過衛星等通訊方式)，就會嚴重影響通訊效率。因此，TCP 採用的方式就是**無論目的端是否回應，只要符合所定義的網路範圍，即可直接將資料傳送出去，藉以提高可靠性，並創造高效率的通訊品質**，其中，對於提高通訊可靠性扮演舉足輕重的一項機制就是「**滑動視窗**」，透過滑動視窗外框的概念，藉以管理傳送接收進度、重送遺漏的封包以及調整封包順序等動作。

TCP 的通訊程序

TCP 會在通訊開始前建立連線，並正式進行通訊，待通訊完畢後，即中斷連線。

連線時，TCP 會採用一種稱之為「**三方交握**」的方法，傳送端會先將 SYN 封包 (SNY 旗標為 1 的特殊 TCP 封包) 傳送給接收端，當接收端收到前述封包後，就會送回一個 SYN+ACK 封包 (SYN 旗標和 ACK 旗標為 1 的特殊 TCP 封包)，接著，傳送端就會收到一個 ACK 封包 (ACK 旗標為 1 的 TCP 特殊封包)，只要正確完成這些動作，即可視為連線完成。前述封包包含了序號等初始值，通訊時必須使用序號，以保障資料的傳送接收順序正確。

同樣地，若要中斷連線，必須由中斷連線端傳送 FIN 封包，接收端在收到封包後，會送回一個 ACK+FIN 封包，當中斷連線端一接到回覆後就會送出 ACK 封包，藉以確認彼此已經完成通訊作業，最後再中斷通訊連線。

看圖學觀念！

TCP 如何提高可靠性？

(1) 為資料加上編號，以確保資料傳輸順序 (序號)
(2) 確認所接收到資料是否有誤 (錯誤偵測)
(3) 確認對方已經收到正確的資料 (確認回應)
(4) 請求重送未被送達的資料 (滑動視窗)
(5) 傳送資料時會配合通訊對象的步調 (流量控制)
(6) 依網路塞車的狀態來調整傳輸速度 (壅塞控制) 等

利用滑動視窗來管理傳送接收動作

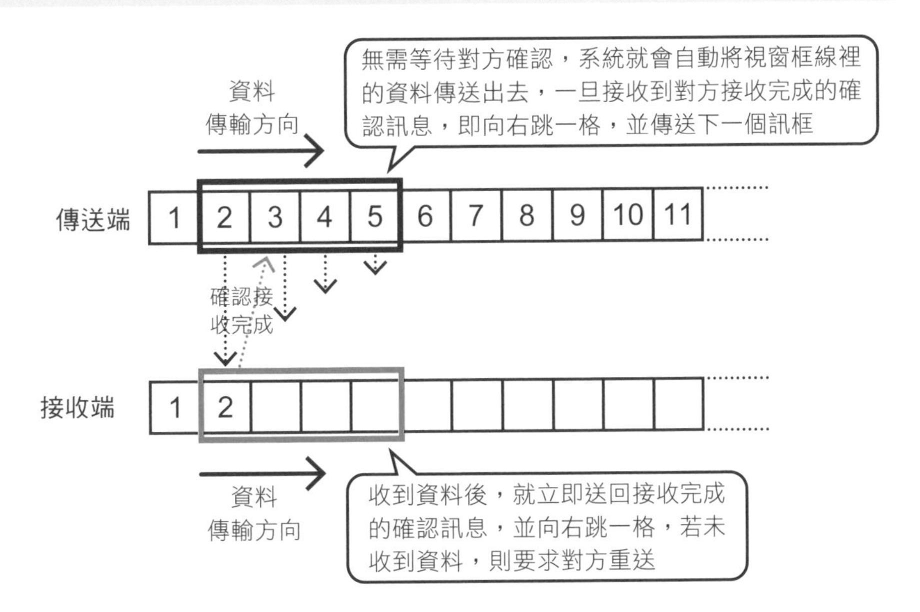

TCP 連線及中斷連線步驟

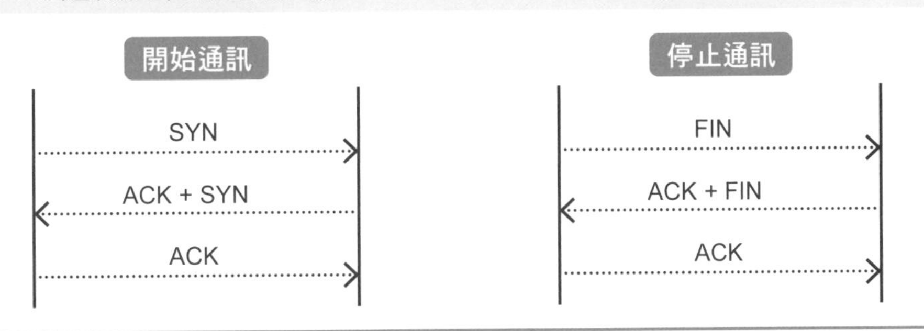

07 應用層的功能

應用層的功能

應用層是一個讓每個應用程式皆能發揮本身特有功能的階層，應用層會從下層的傳輸層所提供的功能當中，選出適合該應用程式且「符合使用目的」之通訊功能，接著再透過該功能，對應用程式執行資料處理。例如，我們在網頁裡經常會使用到 HTTP，無論是 HTTP 對伺服器下達一個提取資料的要求，或是將回應結果送回伺服器，相關的回應順序和格式皆已定義於應用層中，並且規定應由應用層負責這些處理作業，因此，應用層本身不像其他階層一樣，具有明顯的「階層特色」，也就是說，每一個應用程式其實各自具備了獨一無二的特色。

應用層的重要協定

應用層通訊協定存在的目的在於對應各種應用程式，其中，最重要也最被廣為使用的有以下幾個，HTTP- 網頁存取、SMTP- 郵件轉送、POP3、IMAP4- 讀取郵件、FTP- 檔案傳輸、DNS- 解決網域名稱問題，以及 NTP- 校時等，各項通訊協定的功能及機制將於第 5 章詳述。

應用層中大多數的協定主要是為了滿足人們某個目的而存在的，不過也有例外，有些通訊協定是為了提供電腦基本功能而生的。例如，用來解決網域名稱問題的 DNS 以及作為校時之用的 NTP，人類幾乎不太可能直接使用到，它們在人類所不知道的角落，默默地服務著電腦，換言之，應用層中的「應用程式」除了 WORD、EXCEL 或是瀏覽器等人類常用的程式外，其實還包含了為伺服器提供各種通訊服務的程式，也就是需要用到通訊功能的所有程式。

看圖學觀念！

應用層為執行通訊作業的各種應用程式提供服務

應用層

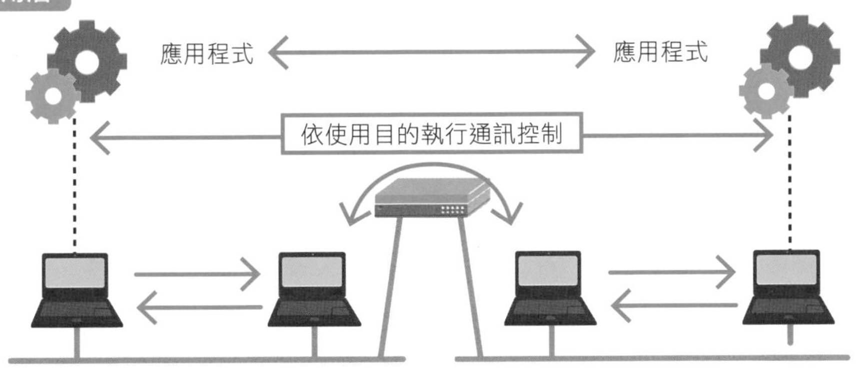

應用層位於 TCP/IP 的最上層

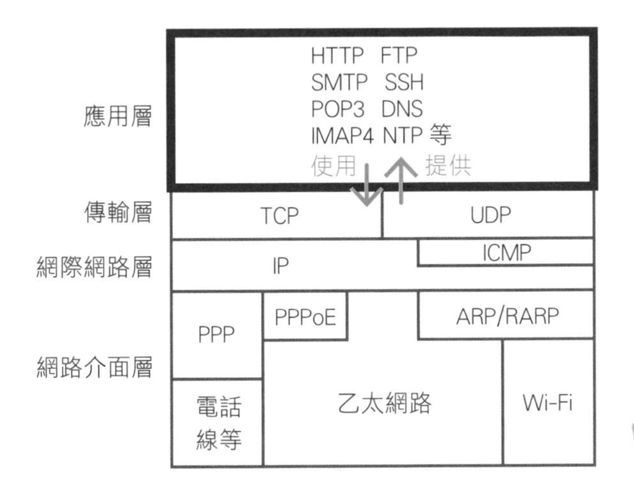

透過應用層的機制，讓各種程式得以使用傳輸層所提供的通訊功能，並建立通訊連線！

應用層的重要協定

HTTP	存取網頁、行動應用等通訊用途
SMTP	傳送郵件或中繼轉送到其他伺服器
POP3	由電子信箱中取出郵件
IMAP4	讀取電子信箱中的郵件
FTP	檔案傳輸
SSH	以字串為單位，傳送指令給伺服器並確認結果
DNS	將網域名稱和 IP 位址互相轉換
NTP	電腦校時

另有多種協定，不勝枚舉

08 各階層的處理作業以及和封包之間的關係

● 發送端的處理作業及附加標頭

TCP/IP 通訊協定堆疊採用階層架構，透過上下連結的階層彼此合作的方式，來執行通訊處理作業。當資料發送端收到高層所傳送的資料後，就會開始進行相關的通訊處理，並且**將處理時所需的各種資料附加在資料主體的前面**，這就稱之為「**標頭 (Header)**」，接下來，發送端會將標頭和主體全部傳送到低層，以完成份內的處理作業。而低層在收到這些資料後，同樣會透過相同的形式來處理，然後再轉送到更低層，所以在處理的過程中，愈往低層走，封包的大小也跟著愈變愈大。

● 接收端的處理作業及刪除標頭

當資料接收端接收到低層所傳送含有封包的標頭資料後，它就會利用這些資料來執行重要的通訊處理。處理完成後，接收端會先將標頭部分刪除，僅傳送資料部分到高層，當高層收到資料後，同樣會透過相同的方式進行處理，接著再轉送到更高層，**每往更高一層傳送，就必須同時刪除標頭**，因此愈往高層走，封包的大小也跟著愈變愈小，最後又回復到發送端最剛開始送出來的資料了。

● TCP/IP 通訊示意圖

TCP/IP 架構究竟是如何執行這些處理作業的呢？相關示意圖請參閱右頁，當發送端電腦 A 在進行每個階層的處理作業時，會先附加標頭，最後再建立一個乙太網路訊框，並傳送給電腦 B。接收端電腦 B 的作業方式則完全相反，它在進行每個階層的處理作業時，會先刪除標頭，最後只留下資料部分，再傳送給應用程式。

補充　TCP 在傳送時會設法縮小每一個階層所附加的標頭大小，目的在於縮小傳送時的標頭資料總量。

看圖學觀念！

高層與低層間的互動關係

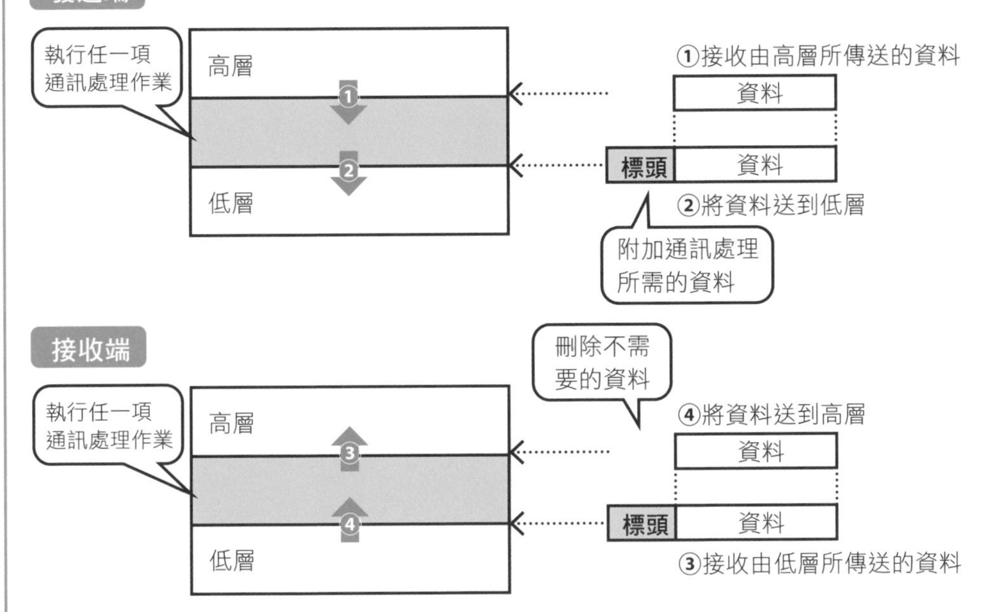

TCP/IP 各階層及通訊示意圖

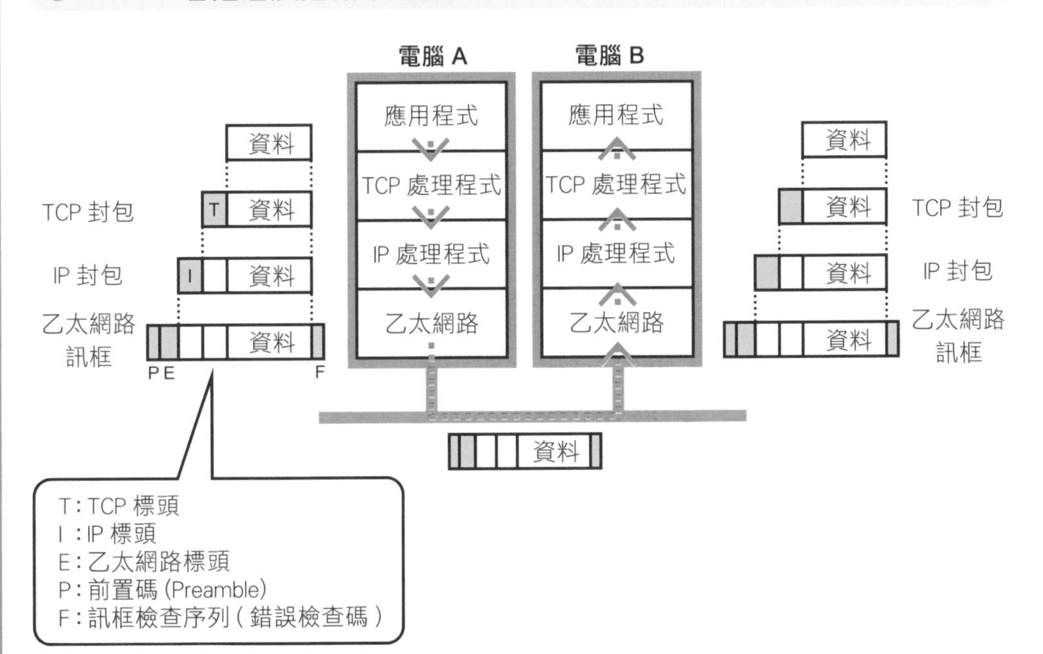

09 IP 位址

甚麼是「IP 位址」

「IP 位址」是為了讓網路能透過 IP 協定來識別每一台電腦所附加在電腦上的一列編號，每台電腦所被配置的 IP 位址各不相同，透過 IP 位址即可找到特定電腦，或是指定某台電腦做為通訊目的端。

目前我們所使用的 IP 位址有 2 種，IPv4 和 IPv6。IPv4 已經行之有年，通常當我們提到「IP 位址」一詞的時候指的是 IPv4，而隨著 IPv4 的地址資源即將枯竭，IPv6 就順勢被推出來，雖然 IPv6 的普及程度已勝於過去，不過要達到真正的普及還有一大段距離，本書中若提到 IP 位址，指的就是 IPv4。

IP 位址採全球性管理方式

有一點非常重要的就是，每台電腦皆有不同的 IP 位址，為了保障每個 IP 位址，使用時必須遵守既定的規範。反之，若是該網域處於完全封閉狀態，將來也不打算和其他網路連線時，它就能隨意使用各種 IP 位址。不過完全不對外連線的網路它的價值極低，所以通常我們會根據網際網路的規範來配置 IP 位址。

配置網際網路所要使用的 IP 位址 (公用 IP 位址) 時有一個原則，那就是全球的電腦皆不得重複指定相同的位址，要達到這個目標就必須依階層別來配置 IP 位址。「ICANN (Internet Corporation for Assigned Names and Numbers 網際網路名稱與號碼指配機構)」是負責管理 IP 位址的單位，ICANN 會派發特定範圍的 IP 位址給區域級網際網路位址註冊機構 (Regional Internet Registry，簡稱 RIR，亞太地區為 APNIC)，同樣地，再由 APNIC 將 IP 位址配發給國家級網際網路位址註冊機構（National Internet Registry，簡稱 NIR，台灣為 TWNIC）或本地級網際網路位址註冊機構 (Local Internet Registry，簡稱 LIR，如 ISP、資料中心業者等)，一層一層下去，最後再配發其中一部分的位址供使用者使用。

補充 除了全球獨一無二、有專責機構專門管理的公用 IP 位址外，還有一種 IP 位址是任何人皆可隨意使用的，稱為「私有 IP 位址」,「私有 IP 位址」僅適用於機關行號或家庭內部。

看圖學觀念！

網路是利用 IP 位址來指定通訊對象

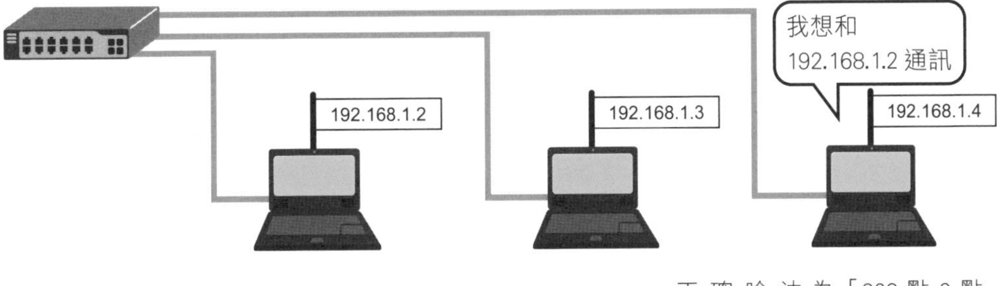

IP 位址表示法

203. 0.113. 43

正確唸法為「203 點 0 點 113 點 43」，數字的部分只要按照順序由左而右讀即可。

IP 位址是由 4 組數字所組成，數字和數字間以「小數點」區隔，約略計算的話，約可連接 42.9 億台電腦 (實際連線的台數會小於這個數字)。

IP 位址採分級配發方式

IP 位址是由「ICANN」這個機構負責管理，ICANN 會先配發給下一層的組織，最後再派發到一般家庭或公司。

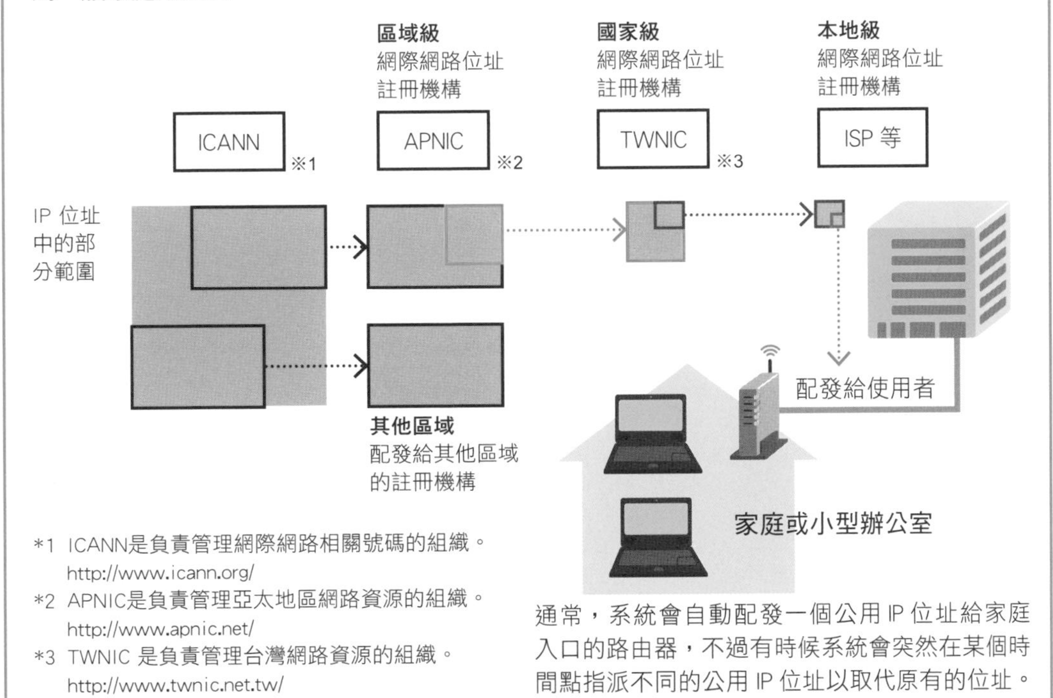

*1 ICANN是負責管理網際網路相關號碼的組織。
http://www.icann.org/

*2 APNIC是負責管理亞太地區網路資源的組織。
http://www.apnic.net/

*3 TWNIC 是負責管理台灣網路資源的組織。
http://www.twnic.net.tw/

通常，系統會自動配發一個公用 IP 位址給家庭入口的路由器，不過有時候系統會突然在某個時間點指派不同的公用 IP 位址以取代原有的位址。

10 連接埠號

連接埠號的功用

連接埠號是由歸屬於傳輸層的 TCP 或 UDP 所提供的一項功能，它可用來指定連線時所要使用的通訊目的端功能。假如一台電腦配置多種功能，這時候無法藉由指定 IP 位址的方式來表示目前所使用的功能，因此**必須同時使用 IP 位址和通訊埠編號，才能指定所要連線的目的端電腦，以及連線時所要使用的功能**。

有別於 IP 位址，連接埠號僅用 1 個數字來表示，表示方法較簡單，適用的數字範圍包含 0~65535，其中 0~1023 等連接埠號被稱之為「**公認連接埠號**」，通常用來針對重要度較高的應用程式進行配置。

TCP 連接埠號

當傳輸層通訊協定利用 TCP 來執行通訊作業時，TCP 會在開始建立連線後，根據通訊目的端的 IP 位址，**指定適合目的端通訊服務的連接埠號**。比方說，網路服務通常會指定為 Port 80，當電腦完成 IP 位址指定後，必須透過所指定的連接埠號來進行通訊並建立連線，才能任意和目的端電腦互相進行所需要的資料處理作業。事實上，**通訊作業的起始端電腦也必須使用 1 個連接埠號**，此點非常重要，但也很容易被一般人所忽略，通常，TCP 會自動從公認連接埠號以外的數字範圍依序配發連接埠號給起始端電腦。

UDP 連接埠號

當傳輸層通訊協定利用 UDP 來執行通訊作業時，同樣必須使用到**目的端 IP 位址**、**目的端連接埠號**、**起始端 IP 位址**以及**起始端連接埠號**等 4 個要素。這 4 大要素的重要性和 TCP 通訊大致相同，不過，UDP 並不具備連線的概念，因此不需要前置準備工作即可將資料送給對方，它不像 TCP 必須透過起始端電腦的連接埠號才能辨別連線類型。

看圖學觀念！

● 利用連接埠號辨別同一台電腦所提供的多種服務類型

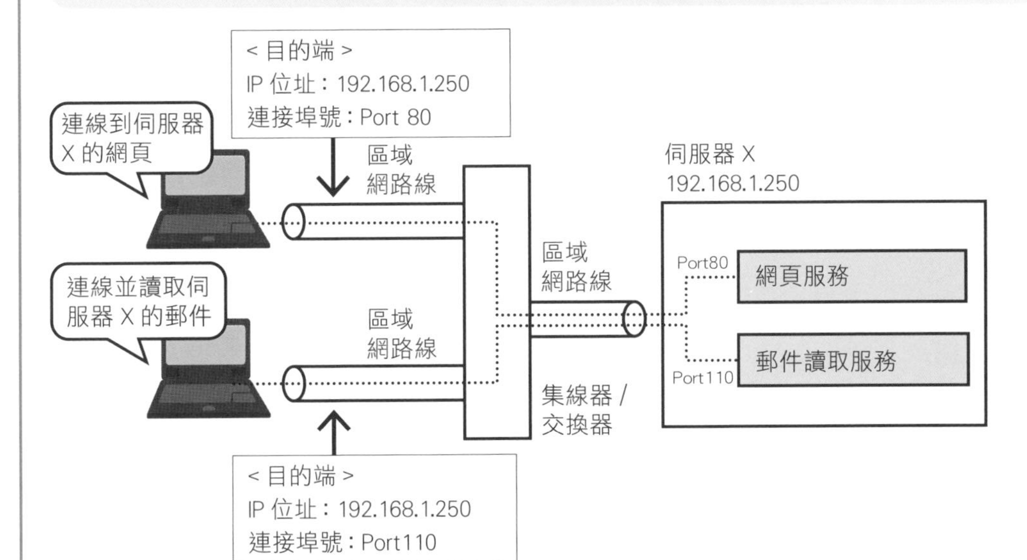

具代表性的「公認連接埠號」

連接埠號	通訊協定	主要用途
80	HTTP	存取網頁
443	HTTPS	存取加密的網頁
110	POP3	讀取電子信箱
143	IMAP4	存取電子信箱
25	SMTP	在伺服器間進行郵件中繼轉送
587	SMTP submission	透過電腦將郵件傳送到郵件伺服器
20	FTP data	檔案傳輸（用來轉送中繼資料）
21	FTP control	檔案傳輸（控制用）

● 為何 TCP 規定每個端點需要專屬的連接埠號？

專屬的連接埠號除了能當作通訊對象送回資料時的目的地外，若需要多次連線到同一個對象的同一個連接埠時，埠號則可用來識別每次的連線。

連接埠號 14236
= 連線到視窗 A
連接埠號 14237
= 連線到視窗 B

視窗 A
視窗 B
自動指派 14236
自動指派 14237
供視窗 A 使用
供視窗 B 使用
集線器 / 切換器
Port 80 網頁
區域網路線
伺服器 X
192.168.1.250

除了公認連接埠外，用戶端的連接埠號通常由作業系統自動指派。

11 公用 IP 和私有 IP

● 適用於機關行號的私有 IP 位址

IP 位址的功用就是用來識別連線到網際網路的電腦，以避免位址被重複指派，不過事實上也有 IP 位址並不符合這項原則。全球獨一無二並且符合前述原則的位址，就稱為「公用 IP 位址」，不符合前述原則者則稱為「私有 IP 位址」，兩者有部分 IP 位址互相重複，區別方式在於適用之數字範圍。

私有 IP 位址適用於機關行號或家庭等內部網路，各機關行號所使用的 IP 位址即使彼此重複也不會造成任何問題，重點就在於無論組織或家庭，只要同一個網域裡的 IP 位址不重複，就能夠識別電腦。

● 公用 IP 面臨數量枯竭的問題

理論上來說，IP 位址可用來識別約 43 億 (232) 個端點，然而，由於網際網路的使用人數快速成長，可供核發給機關行號或電信業者的公用 IP 位址已經愈來愈少，這樣的現象就稱之為「IP 位址 (正確說法為 IPv4 位址) 枯竭」。為了解決此一問題，業界提出了一種稱之為「NAPT」的位址轉換技術，也就是允許多台電腦在連線到網際網路時，共用這些數量有限的公用 IP 位址，隨著位址轉換技術日益普及，雖然緩解了 IP 位址不足的窘境，但是仍然無法從根本解決問題，目前全球正式進入位址枯竭時代，目前只能回收已核發但尚未被使用的 IP 位址，日後這個問題恐怕會對使用者造成更大的衝擊。

未來，可預見的是位址體系將全面轉換為全新的 IP 協定 - IPv6，IPv6 和 IPv4 的網際網路的規格截然不同，然而目前連結到 IPv6 的網站數量仍屬少數，以及網路設備必須支援 IPv6 規格，這些都是 IPv6 無法全面取代 IPv4 的原因之一。另外，IPv6 可識別 2^{128} 個端點 (= 340「澗」個，很少聽過的單位)，因此完全不需要擔心位址枯竭問題。

看圖學觀念！

特定範圍應使用私有 IP 位址

A級(Class A)　10.0.0.0　~ 10.255.255.255
A級(Class A)　172.16.0.0　~ 172.31.255.255
C級(Class A)　192.168.0.0　~ 192.168.255.255

私有 IP 位址僅適用於內部網路

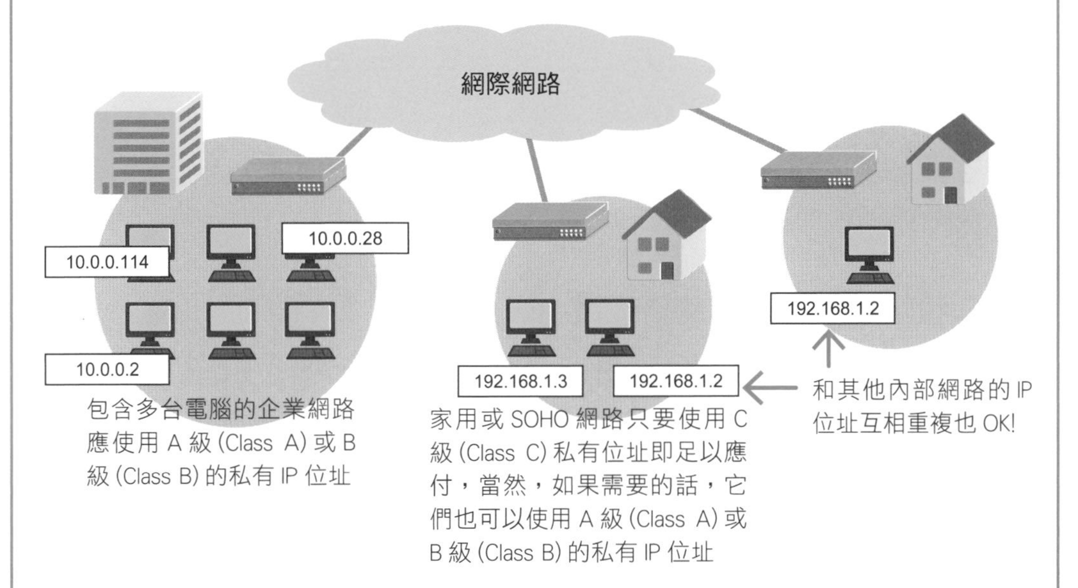

IPv4 位址枯竭以及 IPv6 轉換

IPv4 可識別的端點數

約 43 億

但已全數使用完畢

未來勢必需要轉換為 IPv6 網路

絕對足夠！

IPv6 可識別的端點數

約 340 澗

目前仍未普及

12 IP 位址分級和子網路遮罩

網路位址和主機位址

除了一般的表示方法外，IP 位址通常是由 32 位二進制數所組成，此種以 32 位元來表示的 IP 位址包含兩個部分，左半部用來識別「**網路**」，右半部則作為「**主機**」識別之用。

網路位址用來表示特定的網路資訊，主機位址則專門用來指定該網域中的電腦，這兩個部分構成一個完整的 IP 位址。

IP 位址級別取決於網路規模

IP 位址採用「**分級**」的概念，包含 A~E 等不同等級，D 和 E 為特殊用途，A~C 級適用於一般的位址。A~C 級之間的差異在於**每個網路位址可支援的主機(電腦)數量**，換句話說，它們的差別就在網路規模不同，A 級最多可支援 16,777,214 台電腦連結，適合大型網路使用，反之，C 級最多只能容納 254 台主機，因此僅適用於小型網路。

從網路位址的長度來看，A 級 IP 位址使用 8 位元(以 0 開頭)來表示網路位址，表示範圍從 00000000(0) ~ 01111111(127)。因此可知，A 級 IP 位址只適用於 128 個網路。相對地，C 級網路位址為 24 位元(以 110 開頭)，因此可供 2,097,152 個網路使用。

利用子網路遮罩查詢網路位址

在 IP 位址中，網路位址被設定為 1 的位元就稱之為「**子網路遮罩**」，利用子網路遮罩和 IP 位址做 AND 運算，即可得到網路位址。又，主機位元皆為 0 的位址則稱之為「**網路位址**」，用來表示某個網路的位址。

補充　「所有位元皆為 1 的位址」和「主機位元皆為 1 的位址」就稱之為「廣播位址」，「廣播位址」可同時對多台電腦傳送相同的資料。

看圖學觀念！

IP 位址是由網路位址和主機位址所組成

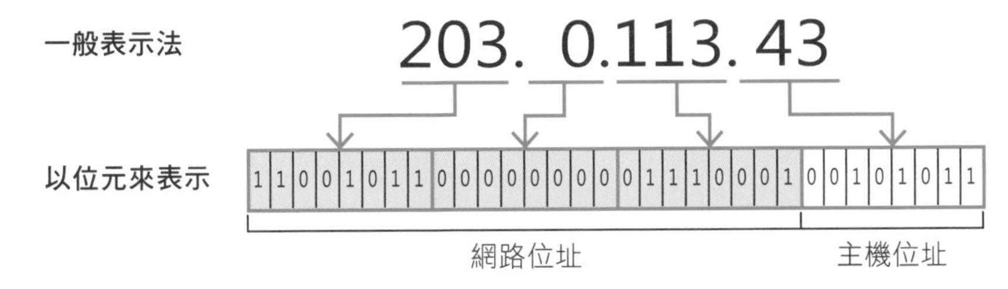

IP 位址的級數取決於網路位址和主機位址的分配比例，只要根據前面幾個位元即可判別級別。

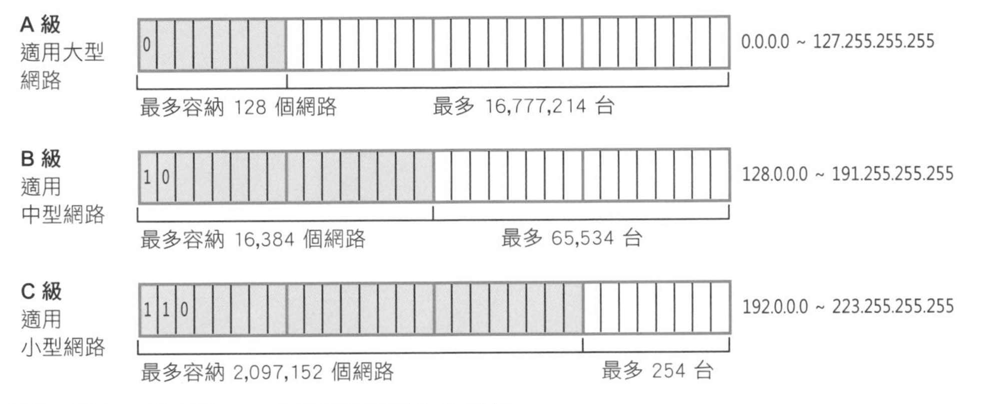

另外，還有 D 級 (以 1110 為開頭) 適用於 IP 群播，
以及 E 級 (以 1111 開頭) 為特殊保留位址。

IP 位址是由網路位址和主機位址所組成

在 IP 位址中，網路位址被設定為 1 的位元就稱之為「子網路遮罩」，有了子網路遮罩就能根據 IP 位址推測出網路位址。

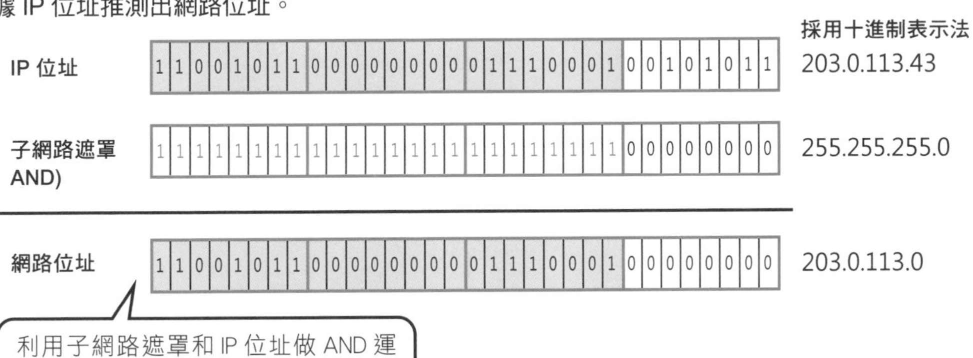

13 子網路切割和子網路遮罩

切割為小規模網路的優點

對於公司行號來說，與其使用一個規模較大的單一網路，不如**切割**為較小的網段來得方便得多。切割的目的在於限制廣播的傳送範圍，以及縮小故障影響範圍。所謂「廣播」就是同時對某個網域裡的所有電腦傳送資料，其傳送範圍過廣，將使得不相關的電腦增加無謂的處理負載，因而造成網路通訊資源浪費。而且，一旦網路發生故障，最聰明的做法就是盡量縮小故障影響範圍，基於此點，一般大多會**捨棄大型單一網路，改以實體配置或公司行號為單位，建立較小型的網路連線架構**。

子網路切割和子網路遮罩

將網路切割為規模較小網段的連線架構就稱為「**子網路**」。分割子網路可以讓 IP 位址中網路位址部分增加，相對地，主機位址部分則會減少，從另一個角度來看，就是**將部分主機位址借給網路位址使用**。如右圖所示，只要借用 2 位元即可多劃出 4 個子網路，要借用幾個位元應視實際情況而定，不過也不能無限制地借用，否則子網路當中可指派給電腦的位址就會愈來愈少，使用時應特別注意。

從概念上來說，切割子網路並不會影響子網路遮罩，網路部分延伸後，子網路遮罩「1」的部分也會跟著延伸，當子網路被切割後，其遮罩就稱之為「**子網路遮罩**」，一般來說，網路遮罩和子網路遮罩兩者在用法上並無太大差異。

又，子網路遮罩由左而右分別是由 1 個以上連續的「1」所組成，中間不得加入「0」等數字。

補充 透過廣播方式所能傳送的範圍就稱為「廣播網域」，「廣播網域」必須切割為適當的網段。

看圖學觀念！

子網路切割就是將網路分成較小的網段

「子網路切割」就是將一個網路切割為數個子網路。

將網路位址 192.168.1.0(192.168.1.0~192.168.1.255) 的 IP 位址進一步切割為更小的網段，並使用切割後的子網路 ...

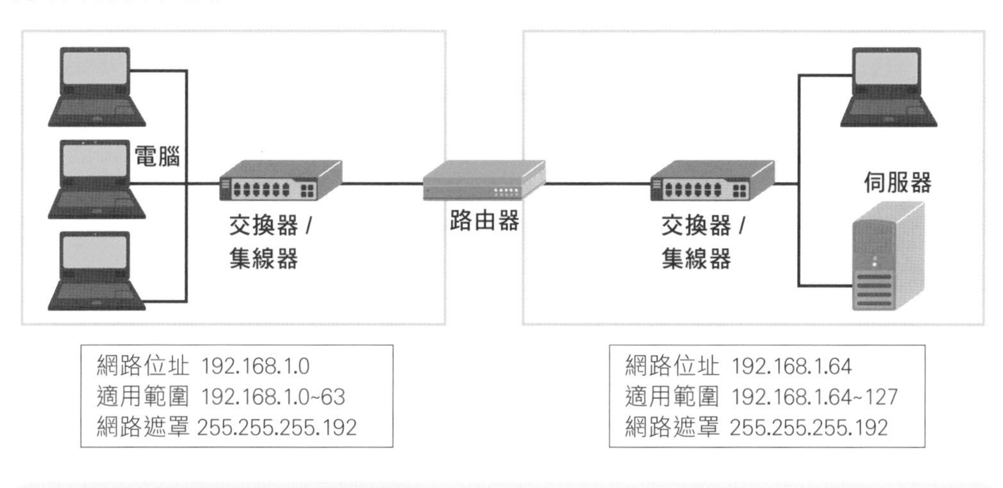

切割子網路以擴充網路規模

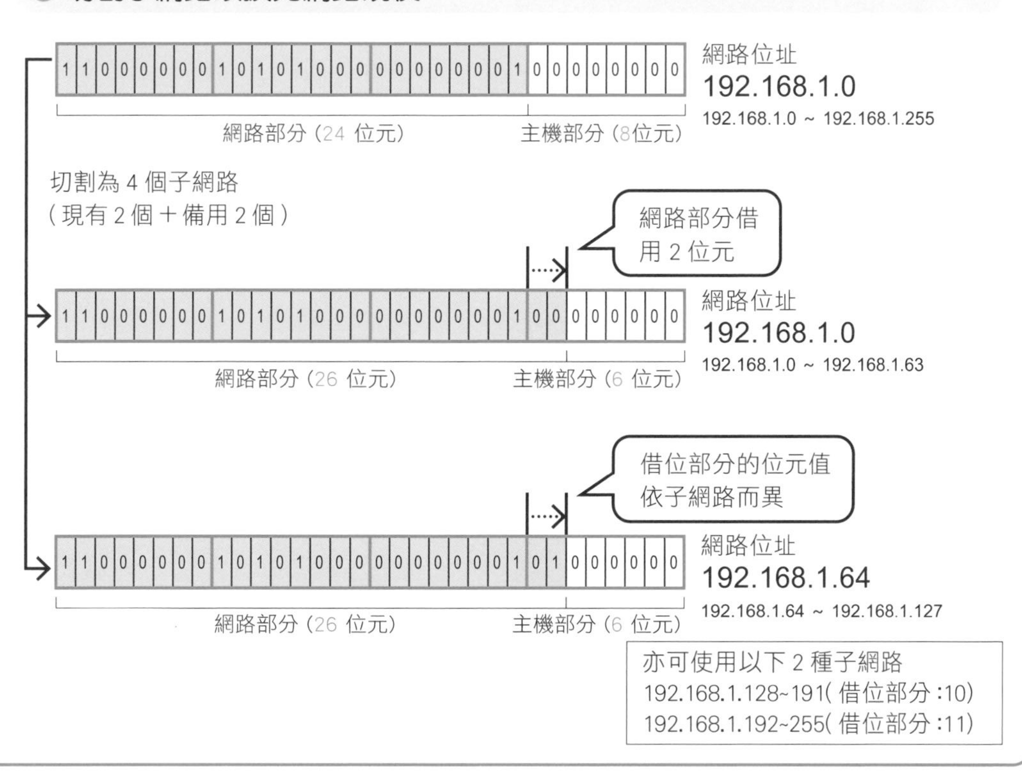

14 廣播和群播

廣播 (Broadcast)

使用 IP 協定進行通訊時，除了一對一的通訊方式外，還可透過其他方式進行溝通，我們稱這種一對一的通訊方式為「單播 (Unicast)」。相對地，將資料傳送到連線至同一個乙太網路上所有電腦的通訊方式則稱之為「群播 (Multicast)」。運用廣播來傳送資料的通訊協定當中，最具代表性的有 ARP 和 DHCP。

進行廣播時，可以選擇將封包傳送到特殊位址 - 255.255.255.255(有限廣播位址)，或者是將封包傳送到 IP 位址中主機識別碼全部為 1(直接廣播位址) 的位址。

若封包被傳送到「有限廣播位址」，接著該封包就會被傳遞到連接至同一個乙太網路的所有電腦，不過，封包並不會被傳送到連線到路由器的其他網域。相反地，傳送到「直接廣播位址」的封包則會依實際需求，透過路由器傳送到接收端的網路，然後再傳遞給連線到該網路的所有電腦。不過，一般建議最好不要讓路由器來做封包轉送的動作，因為通常網路以外的其他節點並不會傳送廣播封包過來。

群播 (Multicast)

所謂「群播」就是僅將資料傳送到某個群組中的特定電腦。「群播」時會使用 D 級 (224.0.0.0~239.255.255.255) 位址作為 IP 位址，透過「IP 群播」這種群播技術，即可對特定電腦群組傳送影像和聲音，而且不會增加網路額外的負載。不過，所有相關的路由器必須支援群播這項功能，相較於單播和廣播，「群播」的用途較狹隘，像是影音傳輸、視訊會議等都屬於群播的應用範疇。

看圖學觀念！

廣播和群播

廣播和群播這兩種通訊方式皆可用來和多台目的端電腦互相通訊，不過兩者的傳送範圍各不相同。

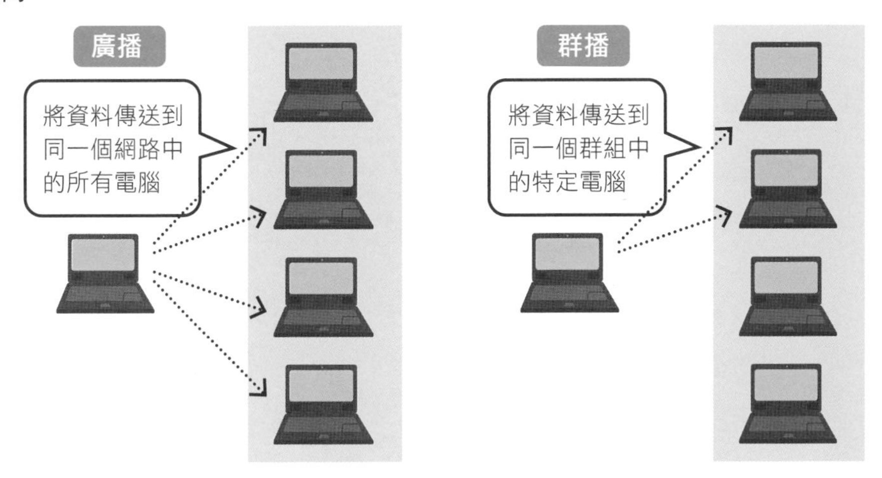

有別於上述方式，僅將資料傳送給一台電腦的通訊方式就稱為「單播」。

以路由器為廣播範圍

以廣播位址 (255.255.255.255) 為目的端的資料會被傳送到同一個網路中的所有電腦，不過絕對不會超出路由器涵蓋範圍以外的網路。

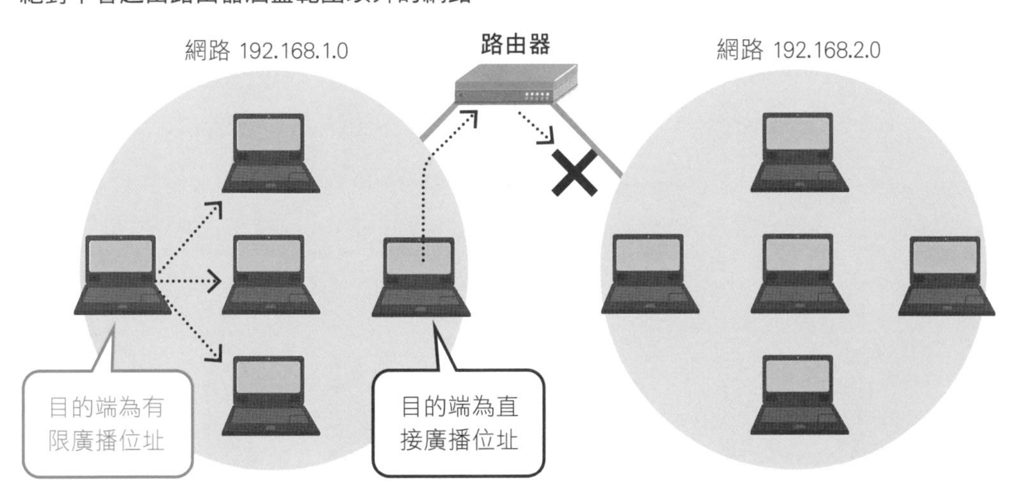

「直接廣播位址」指的就是主機識別碼全為 1 的 IP 位址 (例如 :192.168.2.255)，不過大部分的路由器並不會再將資料轉送出去，因此資料大多無法被送達。

15 集線器/交換器的功能

● 集線器 / 交換器的外觀

集線器 / 交換器是一般辦公室或家用網路中最常見到的設備，兩者外觀上的特徵就是它們都設有連接埠以供連接區域網路線，透過連接埠和電腦互相連接，即可建構一個網路連線。

● 集線器和交換器有何不同

「**集線器 (Hub)**」和「**交換器 (Switch)**」**兩者原本應該是雷同的設備**，簡單地說，它們都是「交換式集線器」。隨著交換式集線器愈來愈普遍，如我們所知，集線器指的其實就是「交換式集線器」，而且，為了強調本身的切換功能，所以採用了「交換器」這個名稱，這就是這兩種名稱同時並存的原因。

不過，就目前來說，我們大多稱呼僅具備資料傳送等單一功能的設備為「集線器」，若該設備還配備了其他像是管理功能 (進入網頁進行設定、讀取內部資料等) 或 VLAN 功能，則稱之為「交換器」，本書將視實際需要，採用這兩種名稱。

● 利用集線器 / 交換器，由資料鏈結層向下擴充

理論上來說，集線器 / 交換器的功用就是「**利用實體層 (第 1 層) 和資料鏈結層 (第 2 層) 通訊協定，在乙太網路中傳送乙太網路訊框**」，從使用者的角度來解釋的話，集線器 / 交換器其實就是「用來新增或擴充乙太網路的設備」。當我們使用電腦或伺服器來建立新的網路，或是連接埠不敷使用時，就必須購置集線器 / 交換器，以確保足夠的連接埠，這就和新增、擴充乙太網路是一樣的意思。從階層的角度來看，也就是在實體層 (第 1 層) 和資料鏈結層 (第 2 層) 所在範圍內新增或擴充網路。

看圖學觀念！

集線器 / 交換器的工作範圍為 OSI 參考模型的實體層和資料鏈結層

集線器 / 交換器等設備的工作範圍為 OSI 參考模型中的實體層和資料鏈結層。

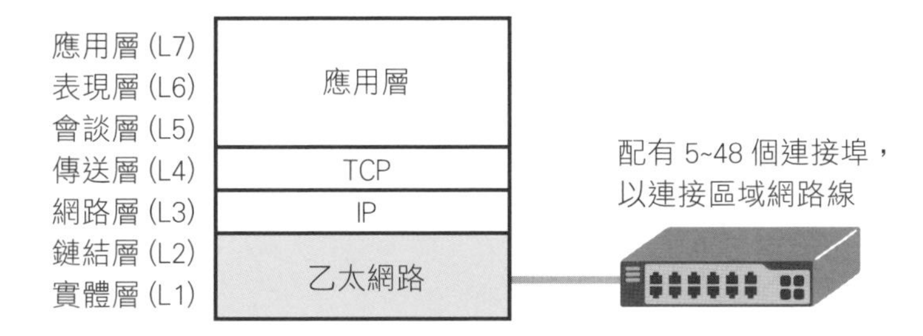

集線器和交換器有何不同

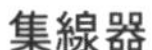

利用集線器 / 交換器連接 2 組乙太網路

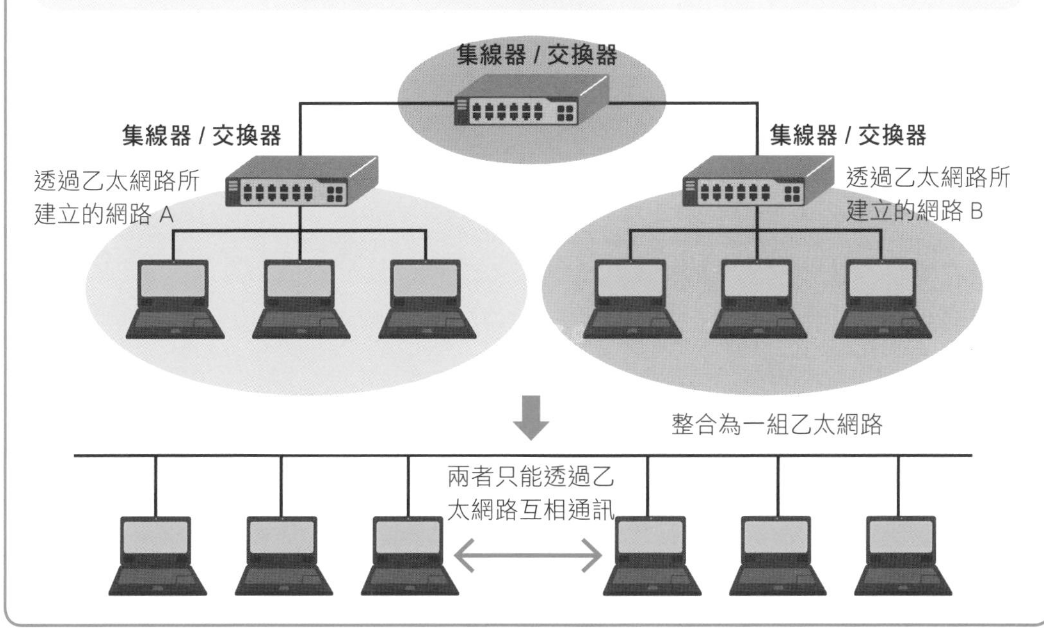

16 路由器的功能

● 路由器的功能

路由器 (Router) 在網路系統當中扮演舉足輕重的角色，簡單地說，它的功能就是「負責在 IP 等網路層 (第 3 層) 協定中傳送 IP 封包」。從使用者的觀點來看，路由器還負責「在各自獨立的乙太網路間，進行封包 (資料) 中繼轉送」，透過路由器所扮演的中介角色，讓原本無法互相通訊的單一網路，不但能彼此連結，而且仍能保有原本各自的獨立性。

從階層的角度來看，實體層 (第 1 層) 和資料鏈結層 (第 2 層) 定義了乙太網路的涵蓋範圍，透過網路層 (第 3 層) 的動作機制，協助乙太網路工作範圍內各自獨立的網路，進行資料轉送中繼的推手就是「路由器」。

● 路由器的功能及階層對應關係

接下來，讓我們來看看路由器的功能及階層對應關係吧！請參閱右頁最上方的圖，電腦 A 和電腦 B 分屬於乙太網路涵蓋範圍內的不同網路，這兩個網路透過路由器彼此連結，由於電腦 A 所屬的乙太網路和電腦 B 所屬的乙太網路已經直接連結，因此只要透過乙太網路即可互相通訊，這時候，電腦 A 和路由器的 IP(協定) 又扮演甚麼樣的角色呢？兩者透過低層乙太網路的機制進行通訊，同樣地，路由器和電腦 B 的 IP 也是透過低層乙太網路的機制互相溝通。因此，在這裡有一個觀念是各位讀者必須特別注意的，那就是路由器 IP 具有「轉送中繼」功能，透過轉送中繼功能，電腦 A 的 TCP 只要將傳送資料的責任交給 IP，IP 就會負責將資料送給電腦 B。

由此可知，路由器在 IP 網路系統中扮演了極為重要的角色，而且相較於具有擴充功能的集線器 / 交換器，很明顯地路由器的功能是截然不同的。

看圖學觀念！

● 路由器的工作範圍為網路層

路由器的工作範圍為 OSI 參考模型中的實體層 ~ 網路層，它的特色就是只要一台就能整合網路所需的主要功能 (DHCP、DNS、PPPoE、VPN 等)。

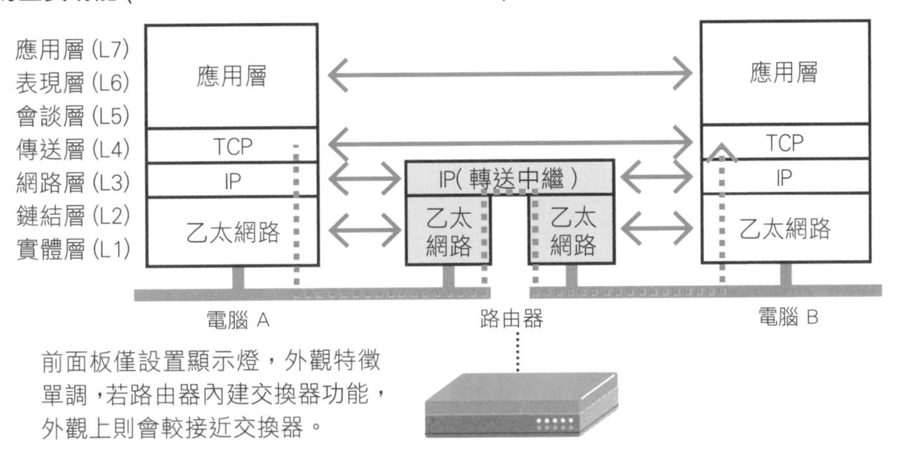

● 利用路由器連結 2 組網路

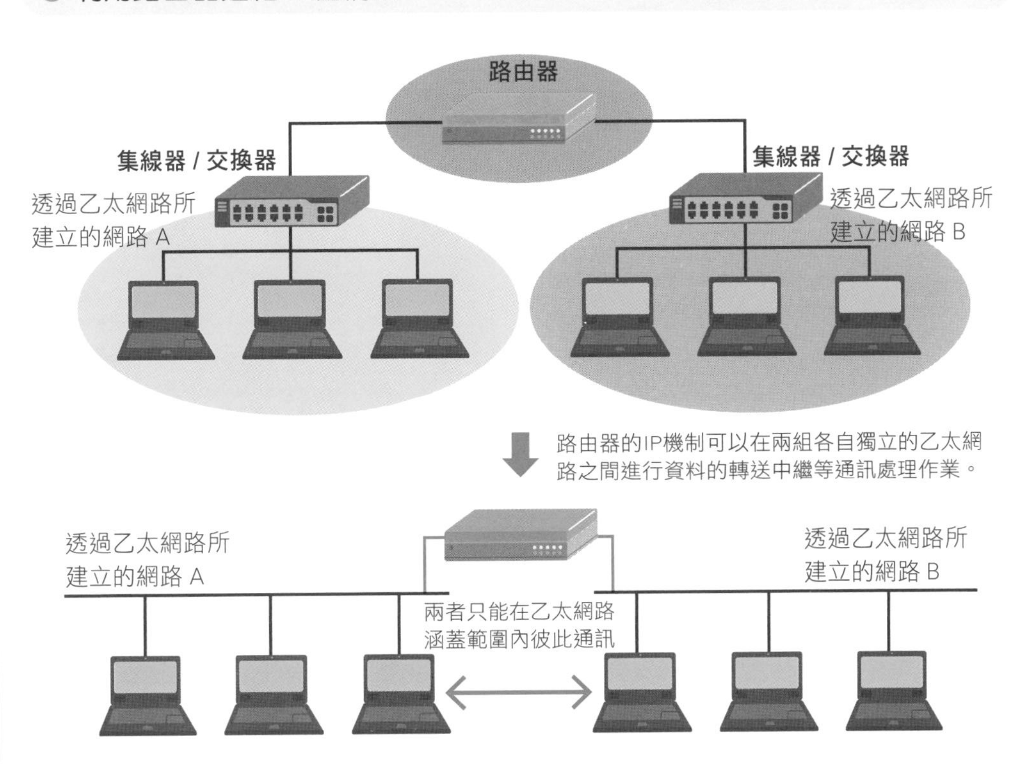

COLUMN

學會 AND 運算，就能算出子網路遮罩囉！

計算子網路遮罩，需要用到 AND 運算，AND 運算是邏輯運算方式的一種，運算時需使用真和假這兩種數值（稱之為「真偽值」），通常我們會將數字轉換為二進制，也就是以 0 和 1 來表示輸入值，以適用於邏輯運算。

邏輯運算有別於加減乘除等一般的算術運算，邏輯運算本身並無進位的概念，系統會根據所輸入的數字是 0 或 1 來決定輸出值，若使用 2 個多位數的二進制數值進行運算時，必須先將位數對齊好，然後再針對每個位數分別計算。

基本的邏輯運算子有 OR（邏輯和）、AND（邏輯積）及 NOT（否定）等，其中，子網路遮罩所使用的 AND 運算子，它的運算規則是「當兩個輸入值皆為 1 時，輸出為 1，否則輸出 0」，比方說，計算 1010b 和 0011b 的 AND 運算子，即可得到輸出值 0010b。

我們通常會利用 AND 運算的此種特性，在取出二進制某個位數時，「將所要取出的位數設定為 1，然後再針對該數值進行 AND 運算子」，這時候，只要將所要取出的位數填上 1，即為「位元遮罩」，此一概念經常被用來計算 IP 位址的網路遮罩。

AND 運算之運算規則

輸入		結果
A	B	A AND B
0	0	0
0	1	0
1	0	0
1	1	1

運算範例

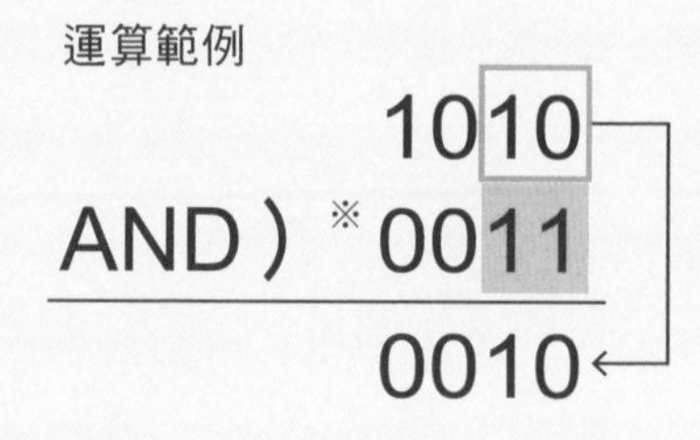

Chapter

3

TCP/IP 通訊架構

本章繼續針對 TCP/IP 相關技術作介紹，不論是是網路基本功能或者更深入的技術範疇，精心為讀者挑選實務網路運作不可或缺的各種必讀知識。

01 可變長度子網路遮罩及 CIDR

可變長度子網路遮罩

我們在第 2-13 節子網路的單元中，曾經就子網路遮罩設定為同樣長度為例，介紹網路識別碼的長度。近幾年有一種技術是子網路遮罩的長度會隨著子網路而改變，此種技術稱之「**可變長度子網路遮罩** (VLSM: Variable Length Subnet Masking)」，若能隨意改變子網路遮罩的長度，**決定每個子網路的電腦連線數量時將更有彈性**。比方說，若要利用 192.168.1.0/24 （子網路遮罩為 24 位元）這個 IP 位址來建立子網路時，只要使用可變長度子網路遮罩，就能讓子網路遮罩長度由 25 位元變成 26 位元，並成功建立 3 個分別涵蓋 126 台、62 台及 62 台的子網路。

CIDR

CIDR (Classless Inter-Domain Routing: 無類別網域間路由) 是一種以可變長度子網路遮罩為基礎的技術。從功能面來看，CIDR 和可變長度子網路遮罩極為類似，不過兩者的使用方法其實有些不同。假設路由器採用右圖所示的連線方式，從路由器 B 的角度來看，路由器 A 的前端有 **4 個子網路，它們各有不同的轉送規則，相較之下若能將 4 套規則整合為一，操作將更簡便**。這 4 個網路位址若以位元流來表示的話，從最左邊開始到第 22 個位元皆相同，只有最後 2 個位元不一樣，對於路由器 B 來說，相同的 22 個位元為網路識別碼，只要將這 22 個位元轉送給路由器就足夠了，因此，以 CIDR 原本的功能定義來看，它是一項不受限於 IP 位址的級別，只要**將網路部分的位址縮短，即可透過相同的轉送規則，將資料轉送到多個網路的技術**。不過，近來則廣義地認定無論 IP 位址的級別為何，只要可以任意設定網路部分的位址長度 (=Prefix(前置碼) 長度) 即可稱之為「CIDR」。外，在 IP 位址後方加上「/」及子網路遮罩位元數的標記方式即為「**CIDR 標記法**」。

補充 「CIDR 標記法」除了適用於 IP 位址外，亦可用來標記網路位址。

看圖學觀念！

甚麼是「可變長度子網路遮罩」？

只要使用子網路遮罩，就能將一個網路切割成好幾個子網路。

固定長度子網路遮罩規定每個子網路所容納的電腦台數必須相同，可是這往往會造成資源浪費或不足。

使用可變長度子網路遮罩，即可依照不同的子網路來變更電腦數量。

設定不同的子網路遮罩

子網路 1	192.168.1.0 /25	192.168.1.0 ~192.168.1.127	最多 126 台	○
子網路 2	192.168.1.128 /26	192.168.1.128~192.168.1.191	最多 62 台	○
子網路 3	192.168.1.192 /26	192.168.1.192~192.168.1.255	最多 62 台	○

依需求數量指派位元

計算最大連線台數的公式為「主機識別碼所代表的台數 -2」，或是「2(32- Prefix(前置碼) 長度) 的 N 次方 -2」。為什麼要減去 2，原因就在於主機部分的位址全部設定為 0 或 1 時代表該位址將作為特殊用途，不得指派給電腦使用。

CIDR 標記法 假設子網路遮罩為 255.255.255.192

1	1	1	1	1	1	1	1	1	1	1	1	1	1	1	1	1	1	1	1	1	1	1	1	1	1	0	0	0	0	0	0

網路部分
(26 位元 (位數))

IP 位址　Prefix(前置碼) 長度

192.168.1.65/26

甚麼是 CIDR?

一種藉由縮短網路遮罩長度，以整合多個網路的資料轉送規則的技術。

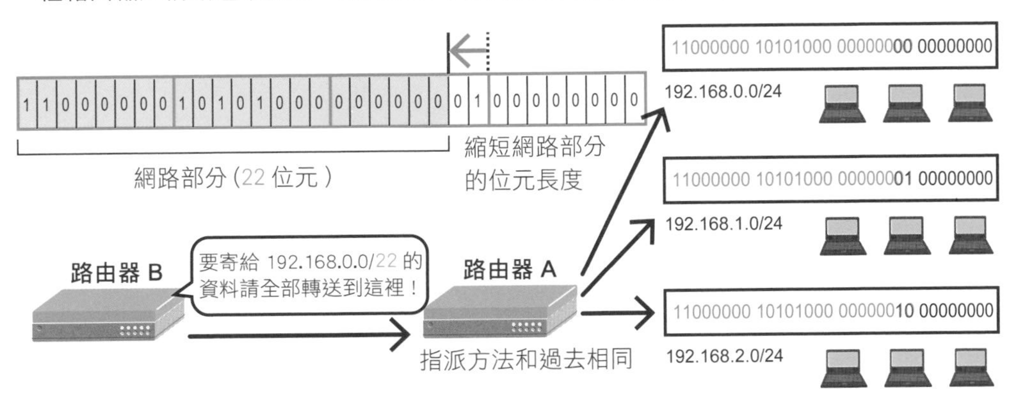

02 MAC 位址

MAC 位址概述

MAC位址(Media Access Control address: 媒體存取控制位址)就是用來指派給每個乙太網路等網路硬體裝置的位址。原則上來說，每組 MAC 位址都是全世界獨一無二的號碼，它又稱為「實體位址」。乙太網路的 MAC 位址是由 00~FF 所組成的 6 組十六進制數字所組成，每組數字以「、」「-（連接號）」或「:（冒號）」加以區隔。其中，前面 3 組數字為廠商代碼，用以表示網路卡的製造商，第 4 組數字為機型代碼，用來表示裝置的機型，最後 2 組數字通常為序號代碼，用以表示該裝置的序號。從 MAC 位址的組成架構可知，原本的設計應該是每個網路硬體設備各有不同的 MAC 位址，不過，事實上有部分網路產品可以自行更改 MAC 位址，因此不見得每台裝置所使用的 MAC 位址都是唯一的。

利用 MAC 位址傳送資料

乙太網路等網路硬體裝置會利用 MAC 位址來指定專屬的通訊對象，過去的乙太網路 (10BASE-2、10BASE-5 等) 會將多台電腦連接到同一條同軸纜線，接著再傳送已附加 MAC 位址的乙太網路訊框，該 MAC 位址可用來表示接收端，當電腦收到訊框後，應根據 MAC 位址確認自己是否就是接收端，若位址符合即開始後續的處理作業。而目前乙太網路 (100BASE-TX、1000BASE-T) 已蔚為市場主流，它透過區域網路線將每一台電腦連接到集線器 / 交換器，若採用此種形態，集線器 / 交換器必須記住每台連線電腦的 MAC 位址，以及所連接的連接埠。當乙太網路訊框被送到集線器 / 交換器後，第一件要做的事情就是查詢它的 MAC 位址，接著，再根據所儲存的映射資料 - 也就是 MAC 位址表 (MAC address table) 指定該 MAC 位址所對應裝置是連接到哪個連接埠，最後再將乙太網路訊框傳送到該連接埠。

補充　在資料接收端的 MAC 位址尚未被註冊到 MAC 位址表前，集線器 / 交換器會先將資料傳送到接收端以外的所有連接埠，這就稱為「泛流 (Flooding)」。

看圖學觀念！

MAC 位址的架構

AA-BB-CC-DD-EE-FF

製造商編號　機型編號　產品序號

製造商編號就是 IEEE 配發給每個製造商的編號

利用機型編號指定產品機型，接著再依序指派不同的序號

過去的乙太網路如何使用 MAC 位址？

將資料傳送給所有的設備，根據 MAC 位址確認自己是接收端才能接收資料，若否，則利用直通轉發 (Cut-through) 的機制，將資料傳送出去。

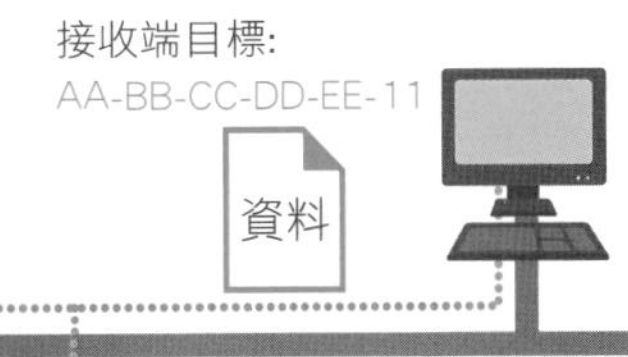

同軸纜線

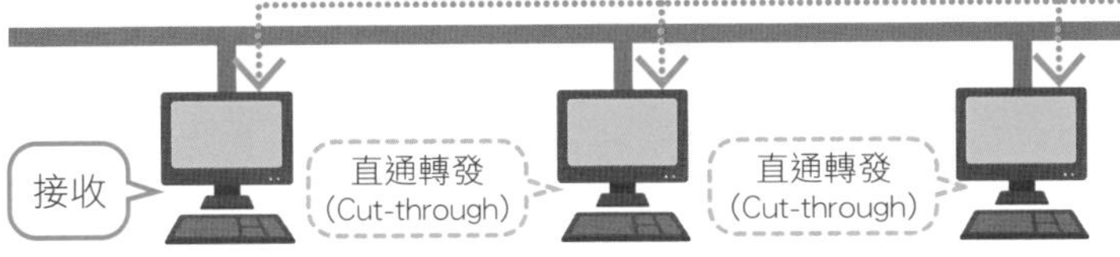

AA-BB-CC-DD-EE-11　AA-BB-CC-DD-EE-22　AA-BB-CC-DD-EE-33

現有的乙太網路如何使用 MAC 位址？

乙太網路會記住每個連線設備的 MAC 位址以及所連接的連接埠，資料只會被傳送到正確的裝置。

MAC 位址表

連接埠1	AA-BB-CC-DD-EE-11
連接埠2	AA-BB-CC-DD-EE-22
連接埠3	AA-BB-CC-DD-EE-33
連接埠4	AA-BB-CC-DD-EE-44

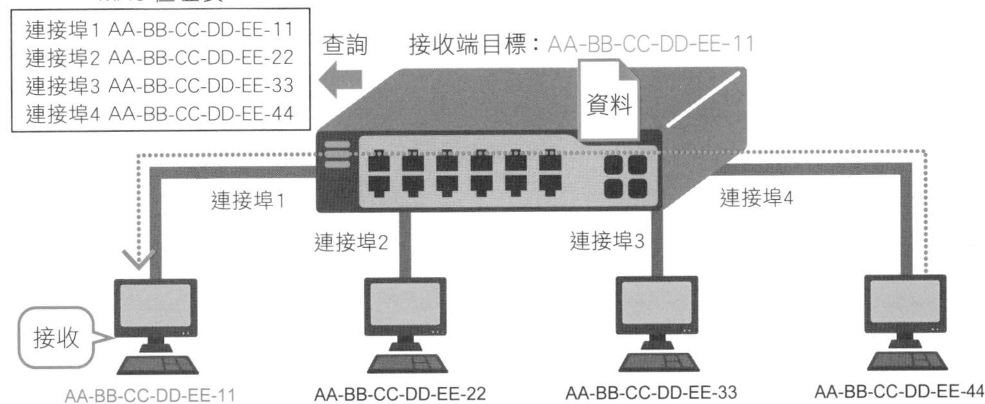

03 為什麼需要 ARP

ARP 的用途

連結到乙太網路的硬體設備必須透過 MAC 位址來指定通訊目的端，然而 TCP/IP 通訊卻必須透過 IP 位址來指定接收端，換句話說，網路通訊時必須建置一套能夠同時滿足兩者的機制。若電腦要將 IP 封包傳送給對方，必須根據 IP 位址中的網路位址來決定所要轉送的目的端，這時候，只要目的端的網路位址和傳送端相同，即可藉此判斷**目的端的和傳送端位於相同的網路**，而且兩者在實體上已透過乙太網路互相連接，經過這個判斷程序後，電腦接著就會進行下一個動作，也就是根據 IP 位址來查詢 MAC 位址。

另外，**假如目的端位於其他網路，則 IP 封包必須被轉交給下一個路由器**，這時候，電腦必須利用路由器的 IP 位址來取得 MAC 位址，這一連串的動作需要藉由「**ARP(Address Resolution Protocol: 位址解析通訊協定)**」協定來完成，當電腦透過 ARP，並根據 IP 位址擷取到 MAC 位址後，必須透過乙太網路，將 IP 封包送達對方的電腦，也就是 MAC 位址所指定的接收端。

ARP 動作概述

ARP 透過**廣播**這項機制來執行動作。若某台電腦想要將 IP 位址轉換為 MAC 位址時，它就會利用廣播的方式，對網路提出像是「有沒有電腦使用 XXX.XXX.XXX.XXX 這個 IP 位址？」等查詢，這就稱為「**ARP 請求 (Request)**」。由於它所採用的是廣播的方式，因此 ARP 請求會被傳送到所有以實體方式連線的電腦，這些電腦會將查詢的內容和自己的 IP 位址加以比較，只要位址不符合即忽略該請求。另一方面，若電腦所使用的 IP 位址符合，則會送回一個回覆，告知目前本電腦正在使用該位址，這就稱之為「**ARP 回應 (Reply)**」，ARP 回應會直接被送回提出 ARP 請求的電腦，並將該電腦的 MAC 位址加到傳送端位址中，如此一來，對方立刻就會知道送出回應的該台電腦的 MAC 位址了。

看圖學觀念！

將 IP 封包傳送到網路位址相同的電腦

IP 位址 :192.168.1.128
網路遮罩 :255.255.255.0
網路位址 :192.168.1.0

IP 位址 :192.168.1.23
網路遮罩 :255.255.255.0
網路位址 :192.168.1.0

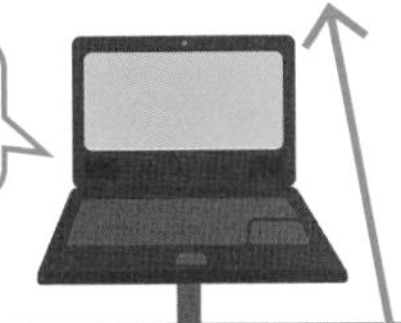

我要把資料傳送到 192.168.1.23

傳送 IP 封包時，若目的端和傳送端的網路位址相同，即可判斷兩者連接到同一個實體網路

利用 ARP 查詢 MAC 位址後，即可直接將乙太網路訊框傳送到目的端，也就是查詢到的 MAC 位址

ARP 動作示意圖

① 傳送 ARP 請求的廣播封包，以查詢 IP 位址。

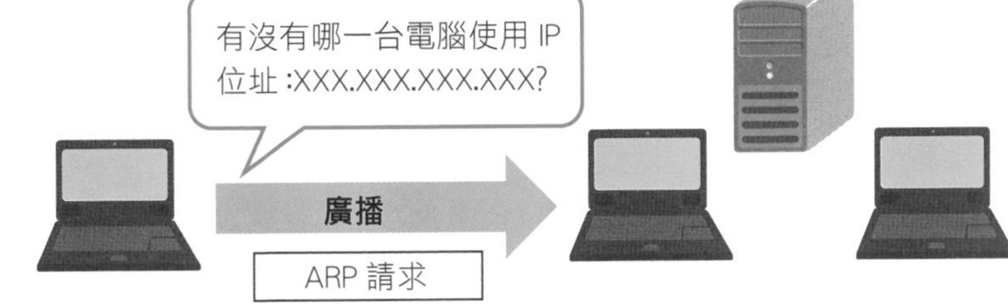

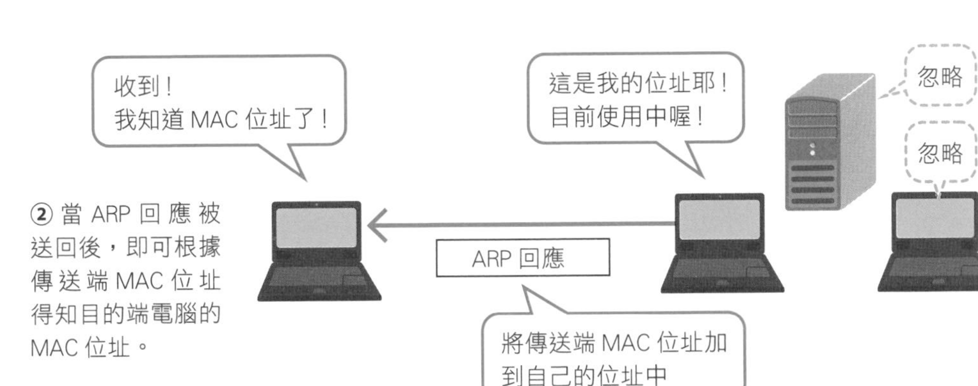

04 網域名稱

網域名稱概述

對人類來說，要記住 IP 位址這一長串的數字確實不容易，因此，為了方便人類處理，業界創造了「**網域名稱**」作為電腦在網路上的名字。在網際網路上的每個網域名稱都是全球獨一無二的，由 ICANN(網際網路名稱與號碼指配機構) 作為統籌管理的最高主管機構。ICANN 負責管理「**頂級網域名稱** (TLD: Top level domain)」，TLD 包含好幾種不同的類型，最常見的有依行業別分類的「頂級域名 (gTLD)」以及適用不同國別的「國家和地區頂級域名 (ccTLD)」。每個 TLD 分別由合法的授權管理組織，也就是網域名稱的**註冊管理機構 (Registry)** 負責管理。比方說，.com 和 .net 是由一家 VerSign 的美國公司負責管理，而 .tw 則是由台灣網路資訊中心 (TWNIC) 所管理。

域名註冊管理機構除了管理頂級網域名稱 (TLD) 外，還負責 DNS(網域名稱系統) 之營運管理，若要註冊網域名稱，**網域註冊商**即為適合的選項之一。網域註冊商會和域名註冊管理機構簽約，並接受想要註冊網域名稱的使用者所提出的申請，有很多公司可代為和網域註冊商簽約，稱為「授權代理商」，它們也可協助使用者註冊或是變更網域名稱。

各種網域名稱

從 2000 年起，全球開始使用像是 .info、.bix、.name 這一類新的 gGLD，之後，更針對特定業別推出了專用的 gTLD(sTLD: 贊助型頂級域名)。近幾年有部分 gTLD 也開始加上區域名稱，甚至還能直接以企業名稱來註冊，因此 gTLD 的數量正急遽增加中，由 .tw 這個網域名稱來看，目前涵蓋了泛用型 .tw 域名 (.tw)、屬性型 tw 域名 (edu.tw、gov.tw、com.tw、net.tw、org.tw..) 等。

看圖學觀念！

網域名稱註冊流程

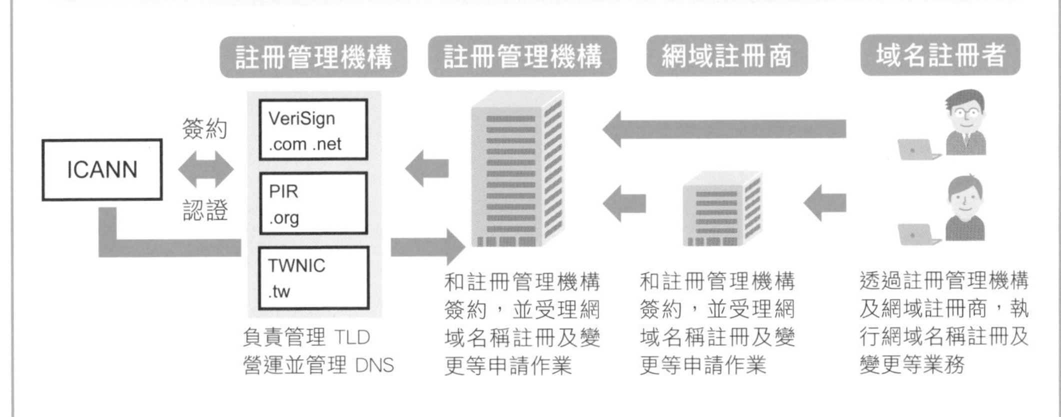

網域名稱之結構

各種網域名稱

主要的 gTLD

.com	預設為商業用途	沿用至今的網域名稱 適用各種機關行號
.net	預設為網路服務用途	
.org	預設為其他機構使用	
.edu	教育單位	沿用至今的網域名稱 特殊用途專用
.gov	美國政府	
.mil	美軍單位	
.info	預留供資訊網站使用	新的網域名稱 適用各種機關行號
.biz	商業用途	
.name	個人名稱	

.aero	航空業	新的網域名稱 適用特殊業界
.museum	博物館、美術館	
.coop	合作社	
.google	公司名稱	由特定企業註冊所有
.yahoo	公司名稱	

05 路由 (Routing) 和預設閘道 (Default gateway)

● 路由的動作概念

路由器轉送封包的過程就稱之為「路由(Routing)」，執行路由時必須遵守規則，才能將封包轉送到正確的目的地。決定轉送規則最重要的因素就在於「路由表」，路由表包含了「目的端網路」和「送達目的端網路之傳送方法」。

當路由器接收到封包後，它會先將用來代表目的端的 IP 位址和子網路遮罩互相配對，並取出網路位址，接著，再從路由表中找出和該網路位址相關的轉送規則，找到規則後，即可開始轉送封包。必須經由好幾台路由器反覆地進行這項轉送處理作業，才能將封包順利地送達目的端電腦。

● 預設閘道

上一段所述的路由機制並不是路由器專屬的基本功能，事實上電腦也配備了此一機制，只不過平常我們並不會特別意識到這一點。預設閘道則是例外，大部分連線到網路的電腦都必須設定預設閘道，所謂的「預設閘道」就是當封包傳送的目的端和來源端不屬於同一個網域，因而無法掌握傳送目的端等資訊時之預設傳送對象，換句話說，預設閘道就是「當目的端未知時所預設的傳送對象」。從電腦的角度來看，封包完全必須透過路由器來執行所有的路由功能，通常電腦會指定網路出入口的路由器作為預設閘道，設定預設閘道的設定方法有 2 種，第一種是以手動方式來設定部分網路內容，另一種則是透過 DHCP 自動進行設定。

補充 預設閘道尚未設定完成前，仍能和同一個網域裡的電腦互相通訊。若不想和外部裝置互相通訊，也可以利用不設定預設閘道的方式。

看圖學觀念！

● IP 封包必須透過路由器轉送才能送達

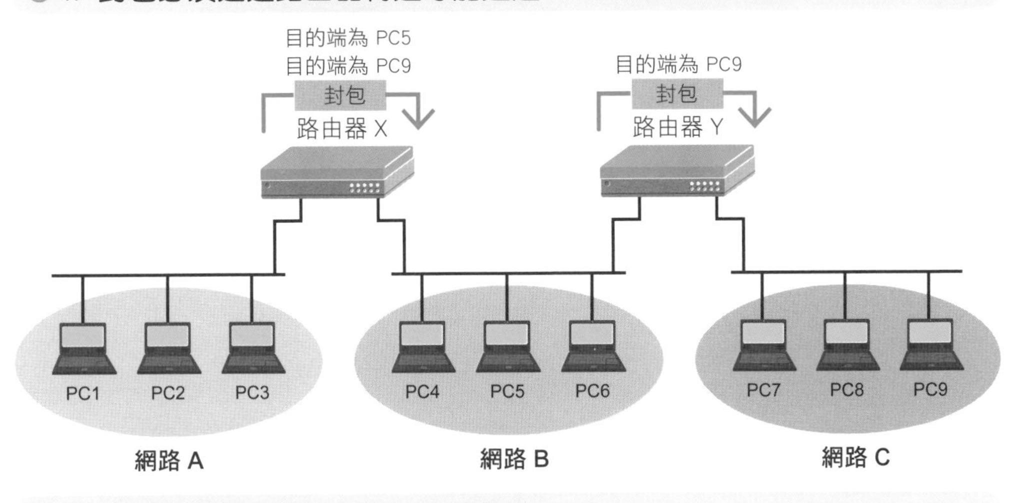

● 執行路由時應依照路由表設定的內容

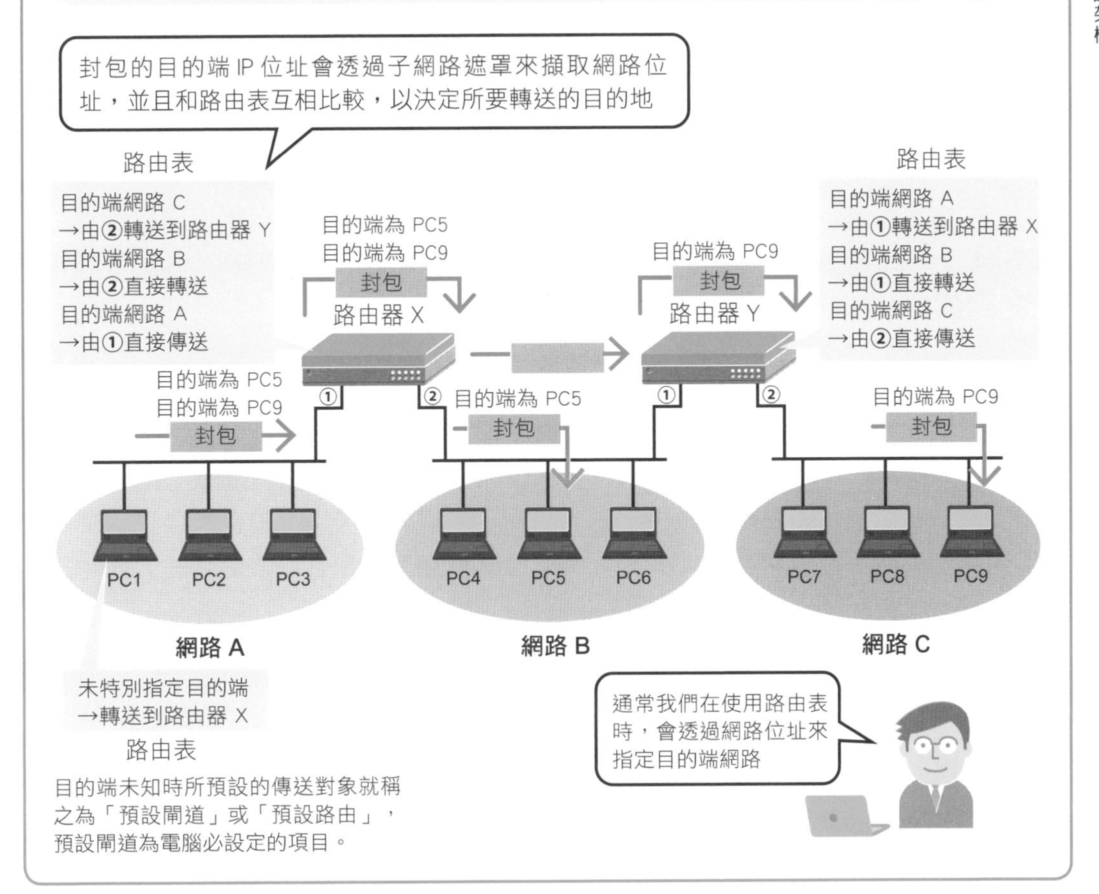

目的端未知時所預設的傳送對象就稱之為「預設閘道」或「預設路由」，預設閘道為電腦必設定的項目。

06 靜態路由和動態路由

網路架構一更動，就必須更新路由表

IP 網路對於負責控制封包轉送的路由表而言，扮演著舉足輕重的角色，路由表並不是註冊一次後就一勞永逸了，一旦新增網路，或是網路連線狀態發生變化時，就必須配合這些改變，並針對每個相關的路由器來修正路由表。

完全採取手動管理方式的靜態路由

這麼一來，到底誰應該負責維護路由表呢？有一種方法就是當網路連線變更時，就以手動方式來修正相關路由器的路由表。除此之外還有一種型態，那就是根據固定的路由表來執行路由，此種方式稱為「**靜態路由**」。當網路規模較小，或是變更網路架構的頻率較低時，「靜態路由」絕對是一個簡單好用的方法，否則，若要一一搜尋有哪些路由器因網路架構更迭而受到影響，接著再正確且鉅細靡遺地將必要的轉送規則寫入路由器，可是一件大工程呢！

動態路由協助路由器彼此交換路徑資料

還有另外一個方法就是，根據實際需要或是定期讓路由器彼此交換網路連線路徑等相關資料，接著再根據這些資料自動管理路由表，這就稱為「**動態路由**」。假設，當網路入口的路由器連線到新的網路時，它必須先將新的網路資料傳送到相鄰的每個路由器，其他路由器在收到資料後，會視實際需要，將新的路徑資料傳送到相鄰的路由器，透過此種方式，即可自動傳播最新連線的網路資料，而且每一台路由器也會將連線所需的規則 (路徑資料) 設定到路由表中。

看圖學觀念！

誰負責維護路由器？

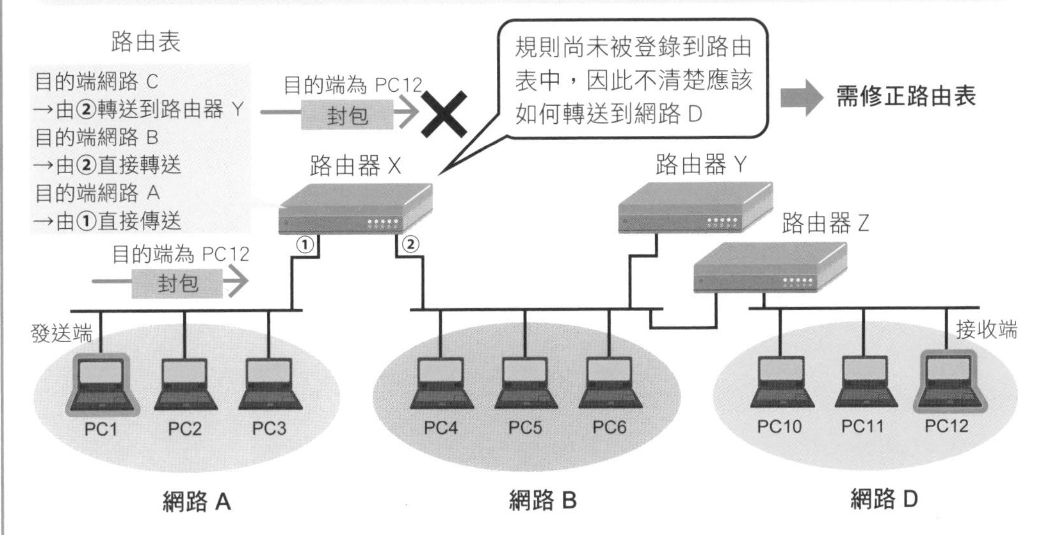

建立路由表的方法可以大分類為 2 種類型。

靜態路由
採用固定的路由表，一旦網路架構改變，就必須以手動方式來變更路由表。

動態路由
路由表採動態更新方式，一旦網路架構改變，改變後的內容將自動被反映在路由表中。

動態路由的動作概念

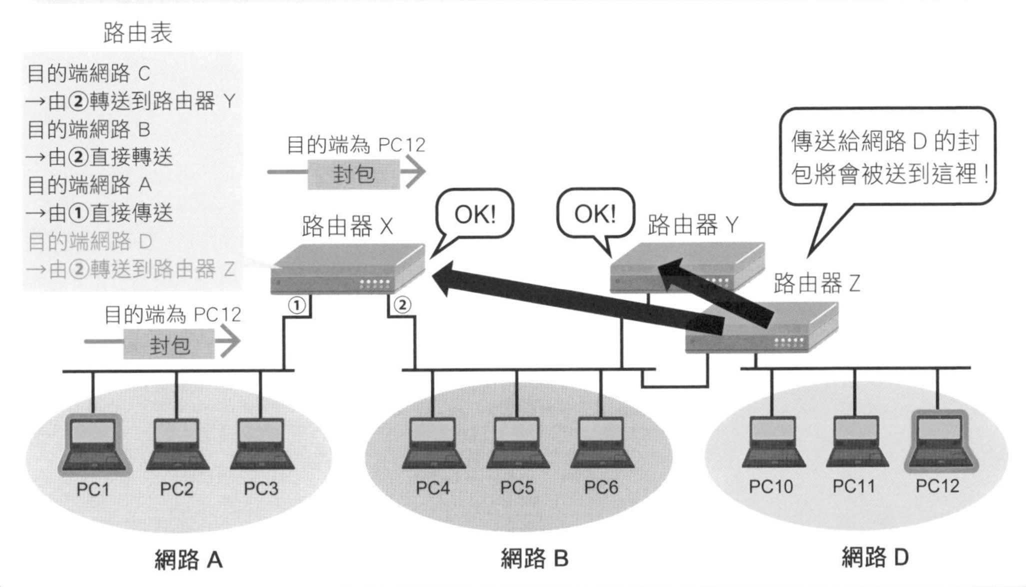

07 路由協定

甚麼是「路由協定」？

以動態方式將資料寫入路由表，即為「動態路由」，適用於動態路由的協定就稱為「路由協定」。「路由協定」包含了 (1) 讓路由器彼此交換路徑資料。(2) 根據所蒐集到的路徑資料，找出最佳路徑等工作。所謂的「最佳路徑」指的就是假如到達同一個網路的路徑有好幾條時，就從中選擇最適合的一條，對於路由協定來說，當複雜的網路發生問題時，選擇最佳路徑可說是最重要的課題之一。「路由協定」大致包含 2 種類型，第一種是 IGP (Interior Gateway Protocol: 內部路由協定)，另一種是 EGP (Exterior Gateway Protocol: 外部路由協定)，規模相當於一個 ISP 或一家大企業的大規模網路我們稱之為自治系統 (Autonomous System: 簡稱為 AS)，IGP 適用於自治系統的路由，而 EGP 則主要用來作為自治系統間的路由。

IGP 和 EGP 有哪些類型

IGP 負責在自治系統當中處理路徑資料，它包含了 RIP/RIP2 (Routing Information Protocol: 路由資訊通訊協定) 和 OSPF (Open Shortest Path First: 最短路徑優先) 等類型。RIP/RIP2 適用於小規模網路，其優點為容易導入和執行，相反地，RIP/RIP2 需要較長的時間才能反映變更內容，因此其缺點就是選擇路徑時並未將通訊速度等因素納入考量。至於 OSPF，它主要適用於中規模以上的網路，OSPF 不但解決了 RIP/RIP2 的缺點，它還兼具了更多的功能，不過 OSPF 所需的導入及執行時間較長，而且有些價格較便宜的設備並不支援 OSPF。EGP 的工作就是負責在自治系統中處理路徑資料，其中，BGP (Border Gateway Protocol: 邊界閘道器協定) 為最具代表性的一種 EGP，BGP 會根據通過路徑中的自治系統清單等各種資料，選擇到達某個網路的最佳路徑。

看圖學觀念！

選擇最佳路徑的理由

路由協定的工作就是假如到達同一個網路的路徑有好幾條時，就從中選擇最適合的一條。

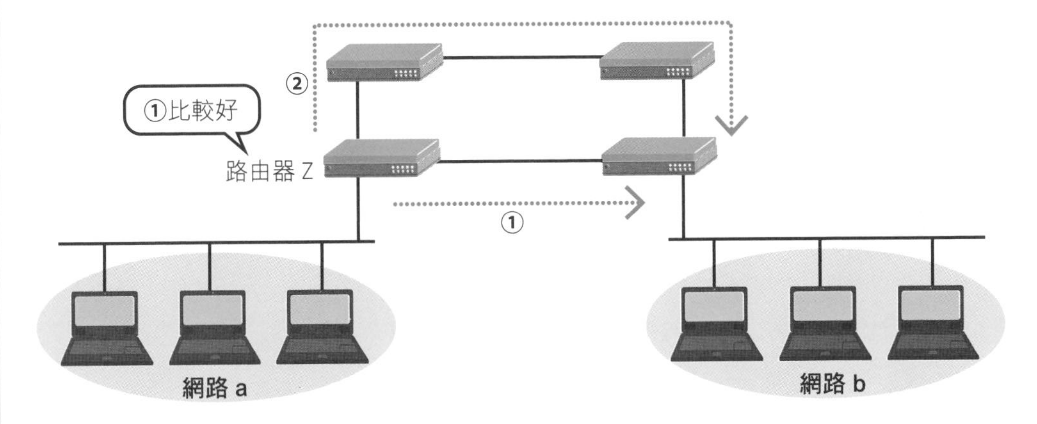

如何選擇最佳路徑

(1) 單純選擇通過路徑上路由器數量較少的一條 → RIP/RIP2 等

(2) 選擇時應將中途經過網路的速度等因素納入考量 → OSPF

自治系統內部透過 IGP，自治系統間則透過 EGP 來交換路徑資料

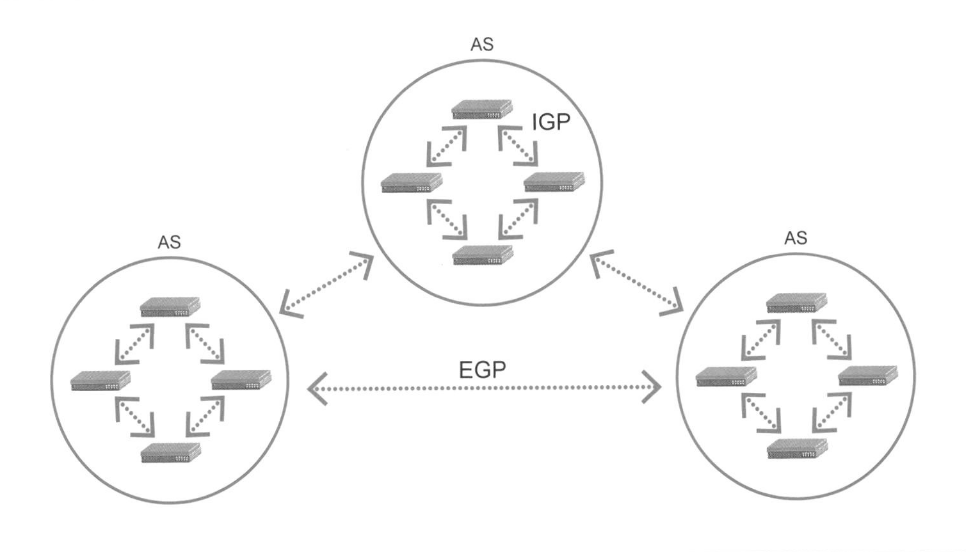

08 DHCP 伺服器

DHCP 具有自動執行網路設定的機制

DHCP(Dynamic Host Configuration Protocol:動態主機組態通訊協定)這項機制可針對連線到網路的電腦，自動指派重要的網路設定資料。電腦需配備 DHCP 用戶端功能，而且網路也必須設置 DHCP 伺服器，才能使用此功能。DHCP 主要用來設定電腦的 IP 位址、子網路遮罩、預設閘道、DNS 伺服器的 IP 位址等資料，它幾乎涵蓋了電腦連線到網路時所需的各種資料，小型辦公室或家庭所使用的路由器大多內建有 DHCP 伺服器功能，因此不需要另外添購 DHCP 伺服器，即可透過 DHCP 自動執行網路設定。

DHCP 的動作流程

DHCP 適合在電腦尚未完成 IP 位址等網路設定前使用，也就是說一旦 IP 位址指定完成後，即無法再透過 DHCP 來執行一般的通訊作業，因此，這時候我們可以善用「廣播」這項功能和 DHCP 伺服器互相執行通訊處理作業。DHCP 用戶端首先會將「DHCP Discover(尋找)」的廣播訊息傳送到網路上，執行這項動作的意義就在於要求網路上的 DHCP 伺服器指派 IP 位址，當 DHCP 伺服器接收到這個廣播訊息後，首先，它會決定設定資料的優先順位，接著再送回一個「DHCP Offer(提供)」的訊息，送回時，伺服器會先提取先前廣播時所附帶的 DHCP 用戶端 MAC 位址，接著再進行一對一通訊。而 DHCP 用戶端在接收到設定資料後，會先確認所收到的優先順位內容，然後再以廣播方式傳送「DHCP Request(請求)」封包給 DHCP 伺服器，DHCP 伺服器收到封包後就會自動做出位址指派已經確認完成的判斷。這時候，伺服器除了會記錄指派的狀態外，還會送回一個「DHCP ACK(確認)」封包給用戶端。

補充 在 DHCP 的通訊程序當中，用戶端之所以透過廣播方式來傳送「DHCP Request(請求)」封包的原因就在於，網路上可能會有好幾個 DHCP 伺服器。

看圖學觀念！

DHCP 可自動完成網路設定

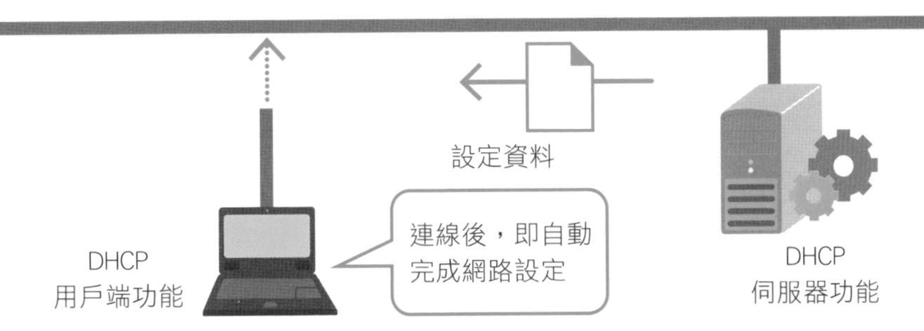

透過 DHCP 伺服器和 DHCP 用戶端對話的方式完成設定

DHCP 用戶端　　DHCP 伺服器

①以廣播方式傳送「DHCP Discover (尋找)」訊息，並要求伺服器指派位址

②透過「DHCP Offe (提供)」訊息，將設定資料的優先順位送回用戶端

③以廣播方式傳送「DHCP ACK(確認)」訊息，並傳送所要使用的優先順位

④透過「DHCP ACK(確認)」訊息告知用戶端，伺服器已經同意它開始使用設定資料

利用設定資料以開始通訊作業

09 NAT 和 NAPT

為何需要轉換位址

以辦公室或家用網路這一類型的網路來說，若要使用私有 IP 位址，必須先考慮的一件事就是連線到網際網路。**當電腦連線上網時，必須使用全球唯一的公用 IP 位址，以表明自己的身份**，這時候我們可以使用**轉換位址**這個方法，來達到連線上網的目的。轉換位址大致可分為 NAT 和 NAPT 等 2 種方法，通常是由位於網際網路邊界點的邊界路由器負責位址轉換。

NAT 的動作

NAT(Network Address Translation: 網路位址轉換) 是一種通訊方式，首先路由器會先被指派好幾個不同的公用 IP 位址，當區域網路裡的電腦執行網際網路存取時，它會選擇其中一個位址使用，而電腦透過區域網路將 IP 封包轉送到網際網路時，私有 IP 位址會被轉換為公用 IP 位址。使用此種方法時，可同時連線到網際網路的電腦台數將取決於**路由器所掌管的公用 IP 位址數量**。

NAPT 的動作

NAPT(Network Address Port Translation) 係透過轉換 IP 位址時同時轉換連接埠編號的方式，讓多台電腦可以共用同一個公用 IP 位址，這一類的技術廣泛地被運用在 ISP 申租用戶上。執行 TCP/IP 通訊時，除了目的端 IP 位址和連接埠號外，傳送端 IP 位址和連接埠號也會同時被寫入封包中，當封包被傳送到網際網路時，傳送端 IP 位址和連接埠號的組合會被轉換為**路由器公用 IP 位址和路由器所管理的連接埠號**的組合，這時候，即使路由器只有 1 個公用 IP 位址，區域網路裡的多台電腦仍能和網際網路上的電腦互相連線並進行通訊。

看圖學觀念！

NAT 動作概念圖

私有 IP 位址以一對一方式對應到路由器所掌管的公用 IP 位址池 (Pool)，只要使用公有 IP 位址，即無法再連接其他裝置。

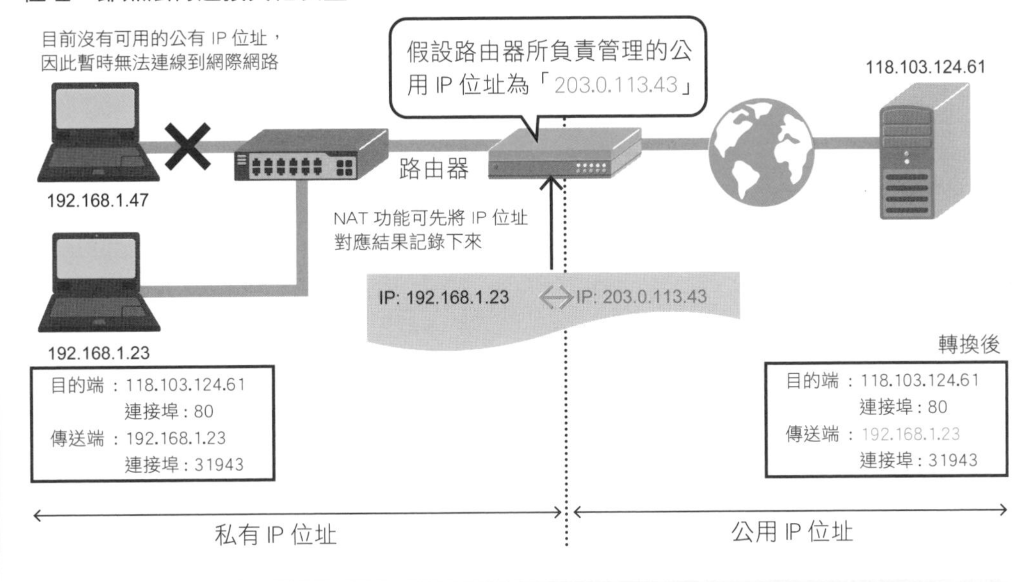

NAPT 動作概念圖

利用連接埠編號，將多個私有 IP 位址對應到同一個公用 IP 位址。

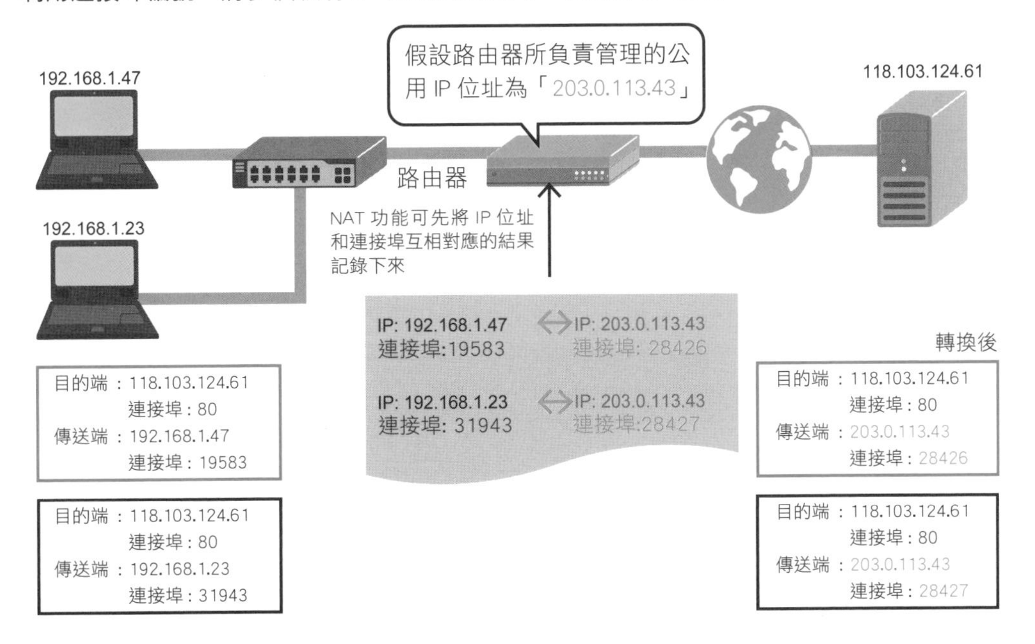

COLUMN

善用各種指令以確認 TCP/IP 的動作

要確認 TCP/IP 相關的設定是否已經完全被反映到電腦上了，這時候我們可以利用電腦本身內建的指令來確認。請點擊 Windows 附屬應用程式並開啟命令提示字元，如果您使用的是 Linux 系統，只要進入 Shell，即可執行各種指令了。

「ping」指令是一項用來確認 IP 是否能夠和所指定的電腦互相通訊的指令，伺服器會先傳送一個 ICMP ECHO Request(回聲請求) 給指定的電腦，若該電腦送回 ICMP ECHO Reply(回應) 時，表示請求與回應一來一往所需的時間發生錯誤，畫面上將顯示錯誤訊息，這時候，恐怕會造成一些狀況，像是網路介面停止動作、實體纜線進入斷線狀態，除此之外，集線器、交換器和路由器都將暫停執行動作，甚至路由表也將出現異常。

「nslookup」指令和「dig」指令可用來要求 DNS 解析名稱，並確認 DNS 的動作是否正常。若指令中所輸入的名稱是域名，伺服器將回送 IP 位址，若輸入 IP 位址，那麼被送回來的就是域名。當名稱解析功能未正常動作時，將造成 DNS 伺服器指定內容錯誤、無法透過 IP 來執行通訊作業或是 DNS 伺服器無法進行設定或發生設定問題等。

待確認項目	Windows 指令	Linux 指令
是否能透過 IP 和所指定的電腦彼此通訊？	ping 電腦名稱	ping 電腦名稱
名稱解析功能是否正常動作？	nslookup 電腦名稱	dig 電腦名稱
		dig-x IP 位址
		nslookup 電腦名稱
路由器在到達指定的電腦前所通過的路徑	tracert 電腦名稱	traceroute 電腦名稱
IP 位址和 MAC 位址的位址值	Ipconfig /all	ip a
		ifconfig -a
路由表設定狀態	Route print	ip r
		route

Chapter

4

網路設備及虛擬化

本章主要將介紹有哪些設備在網路世界中扮演重要的角色，這些設備各司其職、功用各有不同，它們和其他類似裝置之間的關係又如何呢？另外，本章將介紹近來和我們切身程度愈來愈高的虛擬化技術。

01 乙太網路的功能及架構

乙太網路是目前世界上最廣為使用的一種網路標準，目前電腦所搭載的有線網路介面可以說有百分百都是乙太網路。

乙太網路在通訊速度及通訊媒介上包含了好幾種不同的標準，最具代表性的標準有 10BASE-T、100BASE-TX、1000BASE-T、10GBASE-T 等。「BASE」 左邊的數字是以 Mbps 或 Gbps (bps 為位元 / 秒) 來表示通訊速度，右邊的 T 或 TX 表示它所使用的是銅製絞線 (由 2 條纜線互相對絞而成)。

電腦透過乙太網路連接到網路時，必須透過區域網路線，以一對一的方式，將電腦的區域網路連接埠和集線器 / 交換器的連接埠互相連接，如此，集線器 / 交換器就能將訊框正確地轉送到傳送端的連接埠。不但如此，集線器 / 交換器連接埠還能用來連接其他的集線器 / 交換器，此種將多段集線器 / 交換器互相連接的方式，就稱為「串接 (Cascade)」。

此外，區域網路線有制式的標準，並透過 Category (CAT) 的形式來表示。

乙太網路的傳輸機制

乙太網路會先將資料切割為較小的單位，稱為「訊框」，接著轉換為電子訊號或光訊號後，再傳送給通訊媒體。「訊框」包含好幾種不同的類型，以乙太網路上所執行的 TCP/IP 協定來說，每一個乙太網路訊框最多包含了 1,500 個 byte(位元組) 的資料，一旦資料大小超過這個容量，乙太網路就必須分成多次反覆傳送訊框。

最早的乙太網路是透過一條纜線連接多台電腦，它所採用的處理方式是，一旦乙太網路判斷沒有其他需要傳送的資料了，它就會直接將乙太網路訊框丟到纜線中，不過，目前的主流做法大多是透過一對一方式將電腦和集線器 / 交換器互相連接，因此傳統所採用的處理方式已幾乎不復見了。

看圖學觀念！

如何透過乙太網路讓電腦連線到網路

集線器 / 交換器內部會幫忙將乙太網路訊框轉送到目的端所連接的連接埠

電腦的區域網路連接埠和集線器 / 交換器的連接埠透過適合的區域網路線，並以一對一的方式互相連接

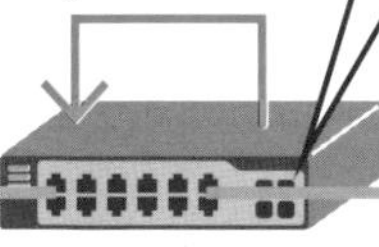

集線器 / 交換器

區域網路線採上行和下行分別成對的方式，因此可同時執行傳送和接收動作 (全雙工)

乙太網路標準及適用纜線

標準名稱	通訊速度	適用纜線	每條纜線的最大長度
10BASE-T	10Mbps	類別 (Category)-3 以上	100m
100BASE-TX	100Mbps	類別 5 以上	100m
1000BASE-T	1,000Mbps(=1Gbps)	類別 5e 以上	100m
10GBASE-T	10Gbps	類別 6 以上	100m

乙太網路 II(DIX 標準) 的訊框架構

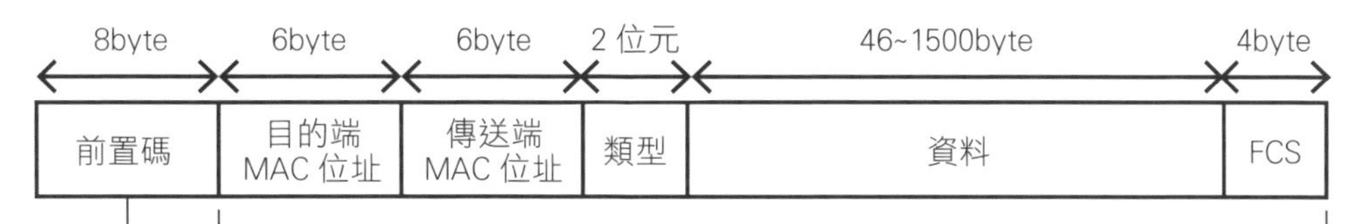

用來表示開始傳送的一種符號。傳送對象為硬體裝置，目的在於建立同步訊號，包含 7 個 10101010b 和 1 個 10101011b，下一步為傳送乙太網路訊框。

目的端 MAC 位址	目的端網卡的 MAC 位址
傳送端 MAC 位址	傳送端網卡的 MAC 位址
類型	資料所適用之高層通訊協定
資料	所要傳送的資料
FCS (Frame Check Sequence)	錯誤檢查碼

除了乙太網路 II(DIX 標準) 外，另外還有一種稱之為 IEEE802.3 的訊框格式，其架構和乙太網路 II 略有不同，不過，該訊框格式不適用於 TCP/IP，因此本節將省略不介紹

「類型」欄值及其意義

0800h	IPv4	8100h	IEEE802.1Q
0806h	ARP	8137h	IPX
8035h	RARP	86ddh	IPv6
809bh	AppleTalk	888eh	IEEE802.1X

02 L2 交換器

● 關於「交換器」的名稱

一般來說，無論是集線器、交換器或是 L2 交換器指的其實是同樣的東西，若要區分的話，我們通常稱那些僅具有擴充乙太網路等單一功能的設備為「集線器」，具備各種管理功能或 VLAN 功能等多重功能於一身的設備，則大多被稱為「交換器」。另外，如果要和第 4-3 節所介紹的 L3 交換器加以區別，一般我們會採用「L2 交換器」或「乙太網路交換器」這樣的名稱，專指那些負責處理第 2 層乙太網路訊框的交換器。

● L2 交換器動作概述

L2 交換器會針對所收到的乙太網路訊框，查詢其目的端 MAC 位址，然後再將乙太訊框傳送到與該 MAC 位址相對應的電腦上的連接埠。交換器之所以能夠完成這樣的動作，原因在於它已經將連接埠和 MAC 位址的對應關係記錄下來，我們稱此種對應表為「MAC 位址表」。

當電腦連接到某個連接埠，並且將乙太網路訊框傳送到 L2 交換器時，必須透過 MAC 位址表，以記錄傳送端 MAC 位址和連接埠編號對應表。

不過，有時候雖然電腦已經連接到 L2 交換器，但是卻還沒開始將乙太網路訊框傳送出去，這時候電腦的 MAC 位址就不會被寫到 MAC 位址表中，一旦乙太網路訊框被傳送到尚未註冊的電腦時，L2 交換器也會同時將訊框傳送到其他的連接埠，這樣的動作就稱之為「泛洪 (Flooding)」。

當交換器執行泛洪後，電腦為了表示自己已經收到訊框，它會將乙太網路訊框送到 L2 交換器以示回覆，然後再將含有傳送端 MAC 位址及連接埠編號的訊息註冊到 MAC 位址表中，這麼一來，以後若要傳送乙太網路訊框到某個 MAC 位址時，只要直接將訊框傳送到正確的連接埠即可，不再需要執行泛洪。

補充 除了目的端 MAC 位址尚未被註冊到 MAC 位址表時，需要執行「泛洪」，L2 交換器也會在廣播或群播時執行「泛洪」這個動作。

看圖學觀念！

L2 交換器基本動作原理

L2 交換器會根據目的端 MAC 位址，將資料轉送到和該交換器互相連接的所有連接埠。

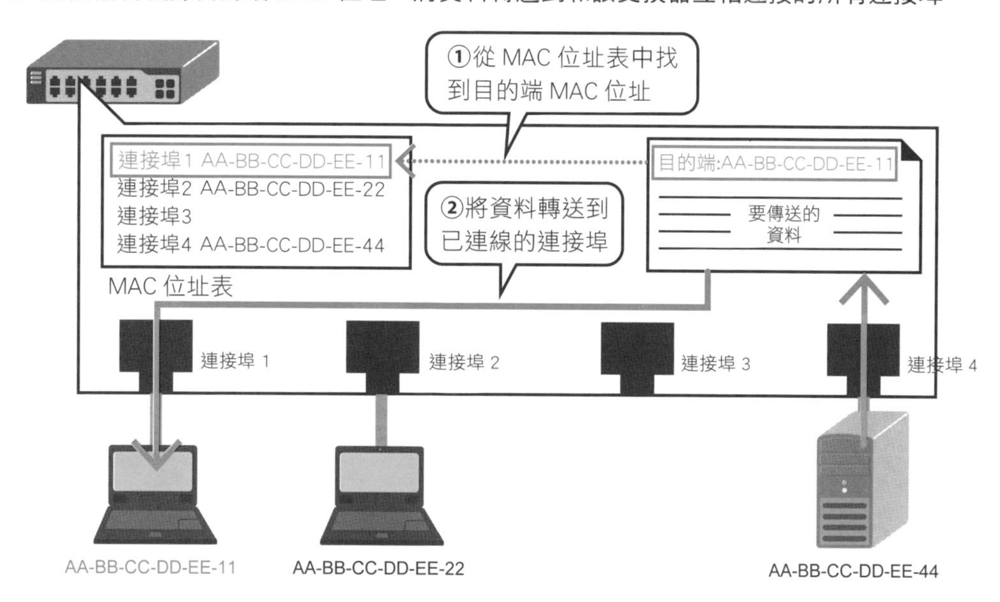

對未註冊於 MAC 位址表中的目的端進行泛洪

不確定目的端裝置時，就將資料轉送到所有的連接埠。

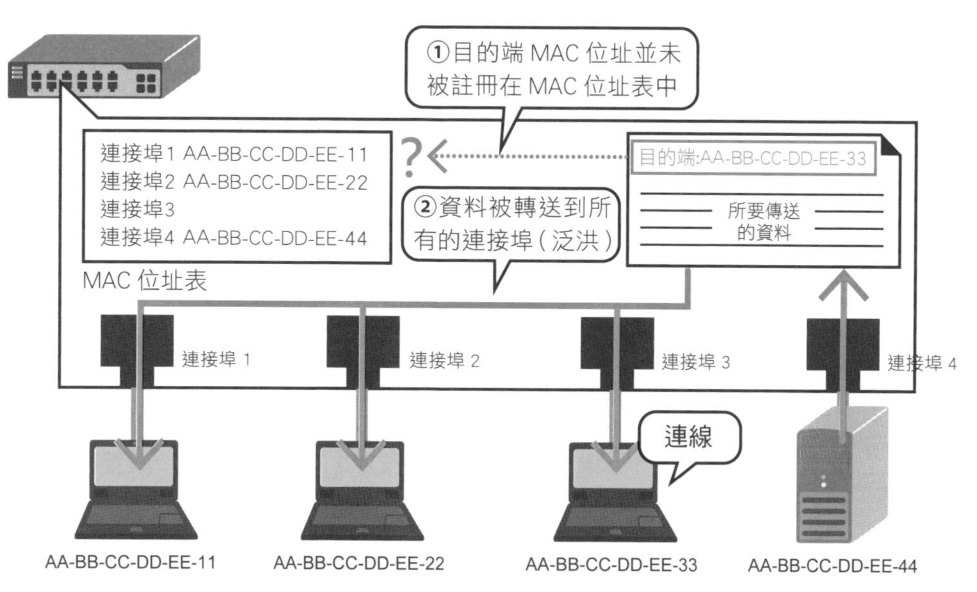

03 L3 交換器和路由器

L3 交換器概述

顧名思義，L3 交換器就是一台用來處理 IP 封包的交換器。除此之外，負責處理 IP 封包的還有路由器，基本上來說，路由器和 L3 交換器兩者所扮演的功能幾乎一樣。

L3 交換器為了讓交換器所建立的虛擬網路互相連接，因此透過 VLAN(第 4-5 節)，讓 L2 交換器也具備了路由器的功能，因此，一般來說，L3 交換器和 L2 交換器同樣內建多組 LAN 連接埠，反之，路由器所配備的 LAN 連接埠通常比較少。不過，最近似乎有些改變，通常可以大致分類為路由器主要負責軟體處理，L3 切換器負責硬體處理，然而，這幾年路由器也開始負責硬體處理，若由此點來看，兩者之間的差異性似乎逐漸縮小當中。

除了上述裝置外，還有另外一種交換器，稱之為 L4 交換器，它具備了第 4 層，也就是在 TCP、UDP 等環境下分配封包的功能，目的在於分散負載。

L3 交換器和路由器的工作範圍

L3 交換器內建多組 LAN 連接埠，因此它的特色就是即使是該網路設置多個終端裝置，靠近網路末端的點也能輕鬆使用，不過，**一旦 L3 交換器發生故障，就會同時喪失路由和交換器等兩種功能**。所以應事先考慮到萬一發生故障時該如何處理，並且預先採取防範對策。

另外還有一種路由器並未配備多組 LAN 連接埠，它們在性能或功能上各有不同，有些適用於網路主幹，有些只要搭配交換器，即適用於靠近網路末端的點。路由器的 WAN 線路配備多種介面類型，而且可搭配的選購配件繁多，選擇性更豐富，若是打算使用特殊的 WAN 線路，那麼路由器將是一項不可或缺的設備。

看圖學觀念！

甚麼是「L3 交換器」

L3 交換器是一種內建路由器功能的交換器。

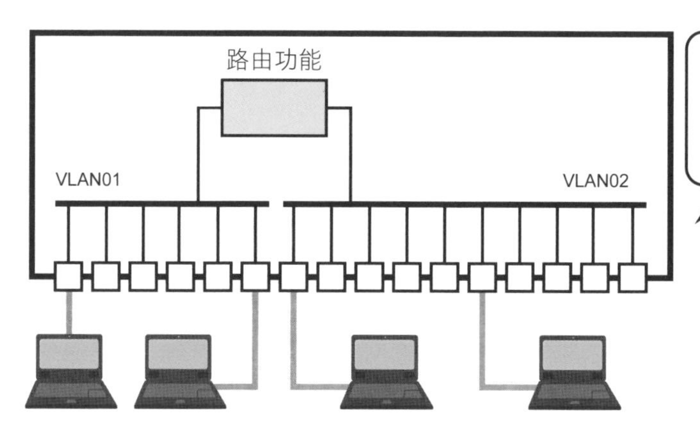

L3 交換器一開始存在的目的是讓交換器所建立的 VLAN 互相連接，因而增加了路由器功能

L2~L4 交換器在資料分配條件上的差異

L2 交換器	根據乙太網路上的 MAC 位址，進行資料分配
L3 交換器	根據 IP 的位址進行分配
L4 交換器	根據 TCP 或 UDP 的埠號，進行分配

路由器和 L3 交換器的差異

靠近末端的點

路由器＋L2 交換器

或

L3 交換器

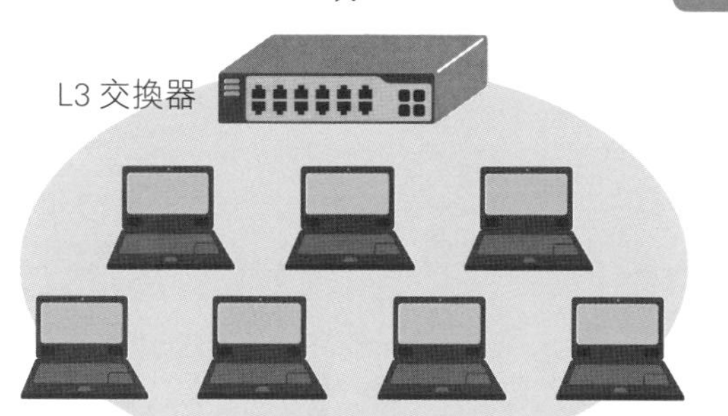

主幹或靠近 WAN 的點

路由器

04 無線區域網路

無線區域網路的特色

無線區域網路是一種透過無線方式進行網路連線，以取代區域網路線的技術。無線區域網路是由提供主要功能的主機，以及連線到主機的子機 (內建於筆記型電腦中) 等所組成，只要設備通過互連性測試 (Interoperability Testing)，即可取得 Wi-Fi 認證。

相較於使用區域網路線的有線網路，無線區域網路使用無線電波，因此無論在穩定性和速度上皆略遜一籌。從另一個角度來看，它的優點是不需要費時費力連接纜線立刻就能使用，以及可在無線電波傳遞範圍內任意移動，因此近幾年被廣為運用在家庭、公共空間等更需要隨手使用網路的用途。

一般來說，無線區域網路的安全性不及有線網路，原因在於無線區域網路是透過無形的無線電波來連線，而非實體的連接方式，為了克服這項弱點，一般會搭配一種稱之為 IEEE802.1X 的嚴密認證機制，嚴禁閒雜人等連線企業網路。

無線區域網路的原理

無線區域網路依通訊方式 (速度、使用頻域等) 不同，可分為好幾種規格，目前最廣為一般人使用的有 IEEE802.11g、802.11n、802.11ac。為了避免被第三人竊取資料，通常會將無線區域網路的通訊內容加密，過去所使用的安全機制為 WEP，此種機制的防護力較薄弱，容易被駭客入侵，危險性較高，因此最近幾年大多改用 WPA 或 WPA2，因為它們增加了一種稱之為「AES(進階加密標準)」的高強度加密機制，筆者建議，最好的作法就是將 WPA2 和 AES 互相搭配使用。

原本，無線區域網路應該是以無線來取代有線的連線方式，並且透過集線器 / 交換器連線，提供類似的功能 (橋接功能)，不過，大部分的家用無線區域網路主機皆內建了路由器的功能，因此只要將模式切換，就能使用這項功能。

看圖學觀念！

● 無線區域網路和有線區域網路的連線方式相同

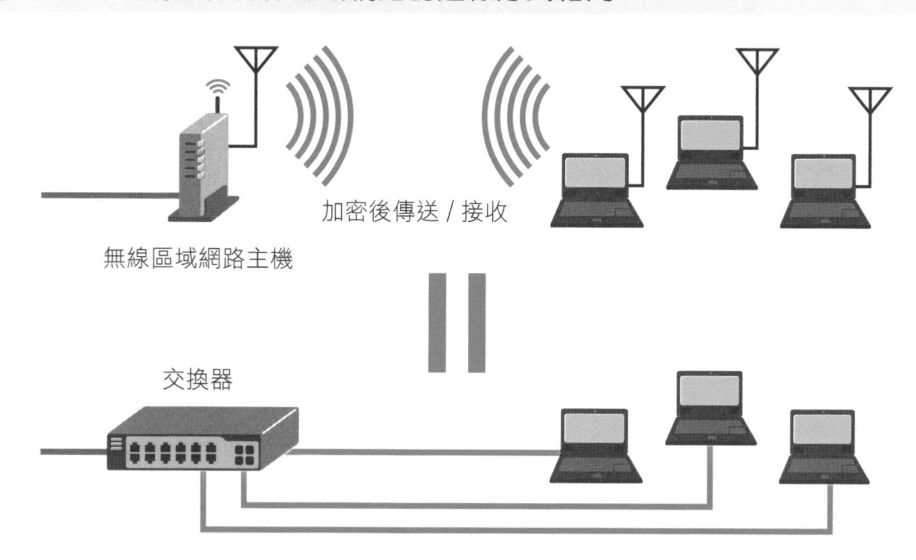

● 無線區域網路的主要規格及特色

規格名稱	通訊速度	頻段	特色
802.11b	22Mbps	2.4GHz 頻段	舊規格，已極少使用
802.11a	54Mbps	5GHz 頻段	適用的設備較少
802.11g	54Mbps	2.4GHz 頻段	幾乎所有的設備皆支援此規格
802.11n	600Mbps	2.4GHz/5GHz 頻段	適用較新的設備，高速
802.11ac	6.9Gbps	5GHz 頻段	適用新推出的設備，高速

＊ 802.11b 和 802.11g 適用大部分的設備。

● 無線區域網路的安全機制及思維

安全機制	加密機制	思維
WEP	RC4	防護力較薄弱，不適合使用
WPA	AES 或 TKIP	搭配 AES 使用，即有機會使用
WPA2	AES 或 TKIP	目前建議的組合就是搭配 AES 使用

＊ WPA 和 WPA2 包含「個人模式 (Personal mode)」和「企業模式 (Enterprise mode)」兩種模式，個人模式必須事先以手動方式為主機和子機設定加密時所使用的金鑰 (如密碼等)，而企業模式是透過 IEEE802.1X 機制自動執行金鑰分配。

05 Port based VLAN 和 Tag based VLAN

以乙太網路來說，電腦們只要透過交換器互相連接，即可視為連接至同一個網路。**從實體上來看，將一個網路透過邏輯方式分割為數個網路的技術，即稱之為「VLAN(Virtual LAN: 虛擬網路)」**，比方說，某個辦公室設有業務部門，有一天假如會計部也要遷入這個辦公室，這時候他們可以使用既有的區域網路線，並搭配 VLAN，這麼一來，業務部和會計部就如同使用 2 個區域網路一樣。

Port based VLAN

「Port based VLAN(以連接埠為基礎的虛擬網路)」就是將交換器或路由器內建的連接埠指定為數個群組，接著再將歸屬於該群組的所有連接埠劃為一個獨立區域網路的技術。透過建立多個群組的方式，設置多個邏輯區域網路。

「Port based VLAN」是交換器或路由器內建的一項功能，有時候會被稱為區域網路切割功能，一般家用的交換器或是 Wi-Fi 路由器大部分並未配備此一功能。

Tag based VLAN

「Tag based VLAN(以標籤為基礎的虛擬網路)」是一種利用同一條區域網路線來傳送多個區域網路資料的技術。它所使用的標準規範為 **IEEE802.1Q**，此種規格適用範圍極廣，不受交換器或路由器機型限制。IEEE802.1Q 規定使用時必須將用來表示 VLAN 編號的資料 (標籤) 嵌入乙太網路訊框中，藉以區別被傳送到同一個區域網路線的資料是來自於哪一個 VLAN。

通常 Tag based VLAN 會和 Port based VLAN 互相搭配使用，假如你想透過 1 條區域網路線來連接 2 組交換器，藉以建立 2 組虛擬網路，首先，你必須分別為交換器指定 Port based VLAN，以建立 2 組虛擬網路；接著，再透過 Tag based VLAN 進行設定，讓每個 VLAN 的資料能夠被傳送到其他的交換器。

補充 VLAN 雖然是一項方便的功能，但是美中不足之處就是無法單從實體配線來判斷實際的網路架構。

看圖學觀念！

● 使用 VLAN，即可在某個區域網路裡建立多個邏輯區域網路

例如，當會計部搬遷到業務部所在樓層後，必須利用 VLAN 將網路分割為 2 個邏輯網路。

會計部網路

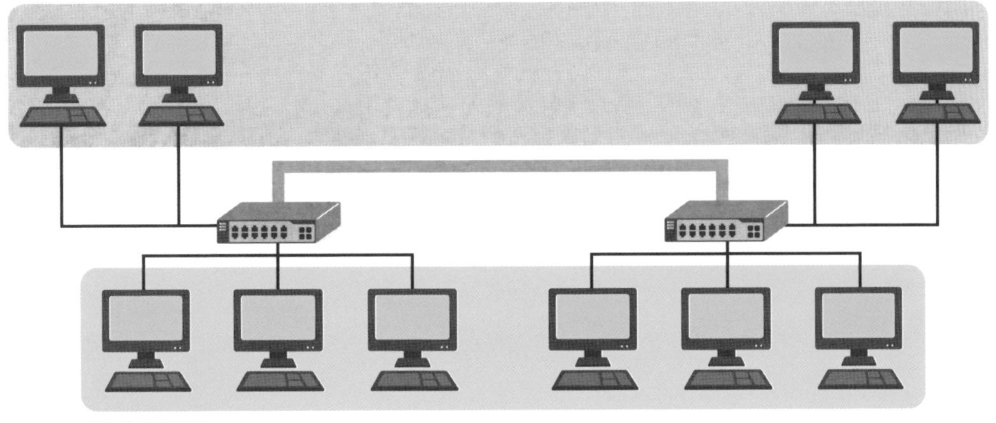

業務部網路

Port based VLAN

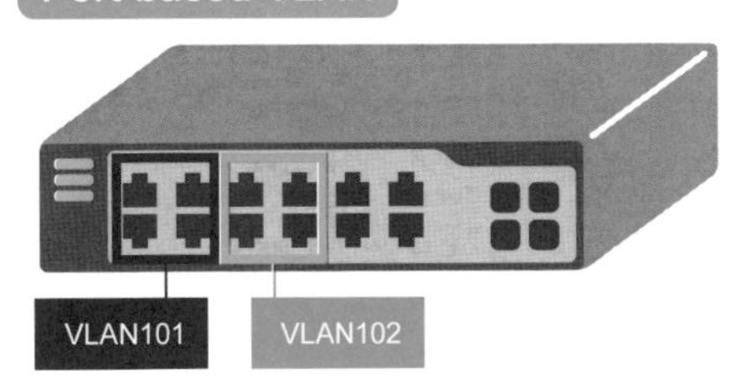

例如，交換器包含連接埠 VLAN101、VLAN102 等，即使分屬於同一個交換器，這些虛擬網路仍會被視為完全獨立的網路。

Tag based VLAN

Tag based VLAN 會將用來表示 VLAN 編號的標籤嵌入 VLAN 中，並以容易辨識的形式加以傳送，當交換器收到這些資料後，即可辨別該虛擬網路的資料是來自於哪個標籤。

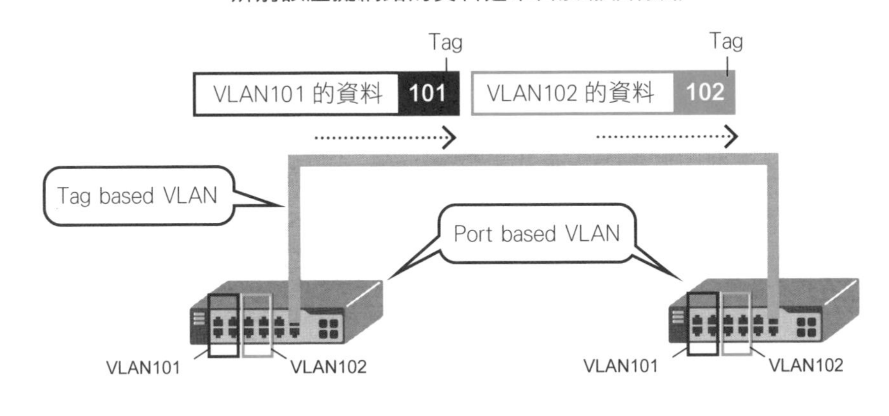

06 VPN 與 Tunnel 技術

● 甚麼是「VPN」

所謂 VPN(Virtual Private Network: 虛擬私有網路) 就是在網際網路等既有的網路中建立一個全新虛擬網路的技術。以企業來說，它可以透過網際網路，讓規模相對較小的業務單位加入總公司的網路 (區域網路型)，或是利用行動網路，由出差目的地連線到辦公室的網路 (遠端型)。

透過網際網路這一類安全層級較低的網路來使用 VPN 時，必須搭配加密機制，才能讓機密性提升到某個程度，以避免資料遭到竊取。此外，還需要增加認證的程序，藉以確認連線來源端之合法性。由於 VPN 連線需要經過加密處理等機制，因此它的特色就是通訊速度較慢。

● 穿隧 (Tunnel) 技術及認證

VPN 的精髓就在於「穿隧 (Tunnel)」技術，所謂「隧道 (Tunnel)」指的就是在某個通訊線路當中所建立的虛擬通訊線路，只要建立多個隧道，就能將一條通訊線路當作多組虛擬通訊線路使用。

VPN 是以網際網路為媒介，它適用 PPTP(Point-to-Point Tunneling Protocl: 點對點隧道協定)、L2TP(Layer 2 Tunneling Protocol: 第二層隧道協定) 等隧道協定。這些協定雖然都具備了建立隧道的功能，不過卻缺乏加密機制，因此必須搭配 IPsec (Security Architecture for Internet Protocol: 網際網路安全協定) 等加密協定，為那些使用隧道的通訊作業加密，以提高機密性，其中，IPsec 和 L2TP 這個組合最常被拿來當作網際網路的 VPN。

IPsec 包含幾個協定，像是用來交換加密金鑰的通訊協定 -IKE (Internet Key Exchange protocol: 網際網路金鑰交換)、負責處理加密後資料的通訊協定 -ESP (Encapsulated Security Payload: 封裝安全酬載) 以及用來認證標頭是否遭到竄改或偽裝的協定 -AH (Authentication Header: 認證標頭協定)，這些協定可互相搭配使用。

看圖學觀念！

VPN 示意圖

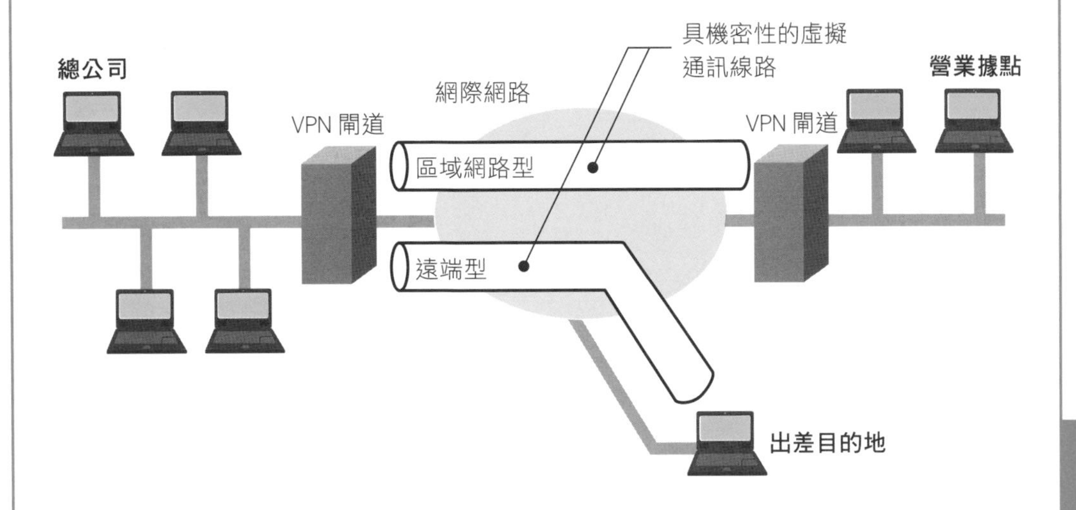

利用「穿隧」技術建立邏輯線路

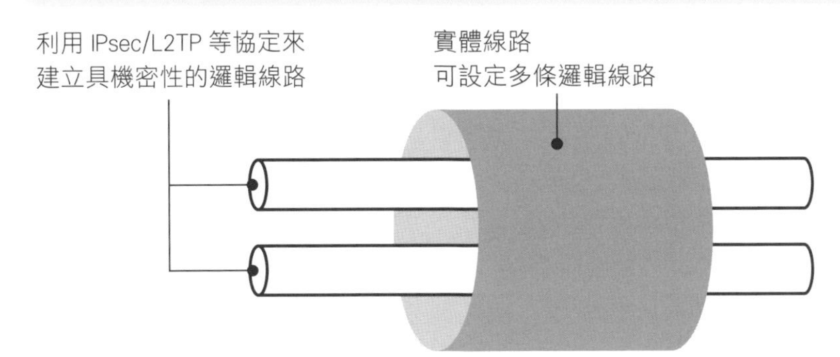

IPsec 主要構成要素

IKE
Internet Key Exchange protocol
網際網路金鑰交換

用來交換加密金鑰的通訊協定

ESP
Encapsulated Security Payload
封裝安全酬載

負責處理加密後資料的通訊協定

AH
Authentication Header
認證標頭協定

用來認證標頭是否遭到竄改或偽裝的協定

07 虛擬化

何謂「虛擬化」

所謂「虛擬化」就是利用實體網路及電腦，建立邏輯網路或電腦的一種技術。

透過虛擬化技術，可在某個實體裝置中建立多個邏輯裝置，反之，也可以讓多個實體裝置顯示為 1 個邏輯裝置。

比方說，VLAN 就是一種網路虛擬化技術，從實體上來看，VLAN 是一種在單一區域網路中，建立多個邏輯區域網路的虛擬化技術，所以，這種透過網際網路連線，來建立邏輯專用線路的 VPN 技術，也可以說是虛擬化技術的一種。

虛擬化的優點

虛擬化的優點包話：隨時皆可使用方便的功能，不受實體裝置的數量及設置地點所限、裝置更能有效發揮本身的處理能力、裝置處理能力極大化，以及可依實際需求，輕鬆為裝置升級 / 降級。

隨著「**雲端運算**」日益普及，虛擬化技術亦被廣為採用，透過這種技術，使用者可以將電腦虛擬化，並透過畫面操控，得以新增或刪除電腦，而且還能透過網路來控制所建立的邏輯電腦。

將虛擬化技術所建立的邏輯電腦連接到邏輯網路，並且在實體裝置中架構一個邏輯網路的技術，目前正快速普及，並朝向實用階段邁進。

補充 一般來說，虛擬化必須額外透過「虛擬化處理技術」才能執行，不過總體來說，虛擬化仍是利多於弊，因此這幾年被廣為運用在各種領域上。

看圖學觀念！

● 網路虛擬化概念圖

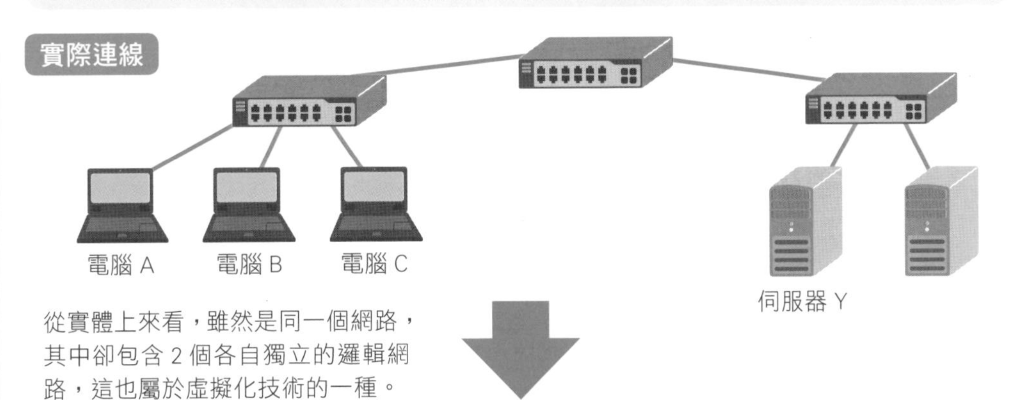

從實體上來看，雖然是同一個網路，其中卻包含 2 個各自獨立的邏輯網路，這也屬於虛擬化技術的一種。

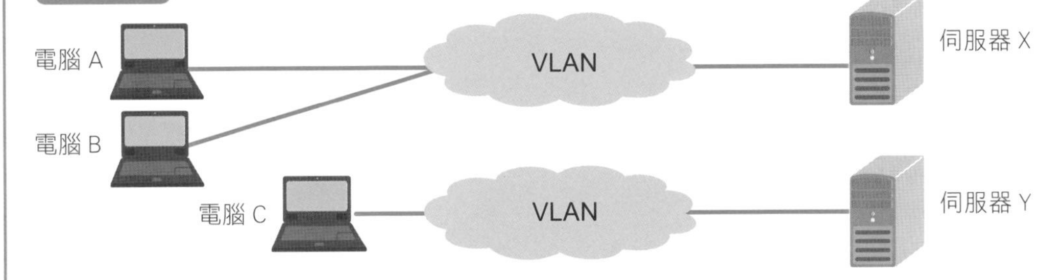

● 虛擬化技術的兩大方向

在某個實體裝置中
建立多個邏輯裝置

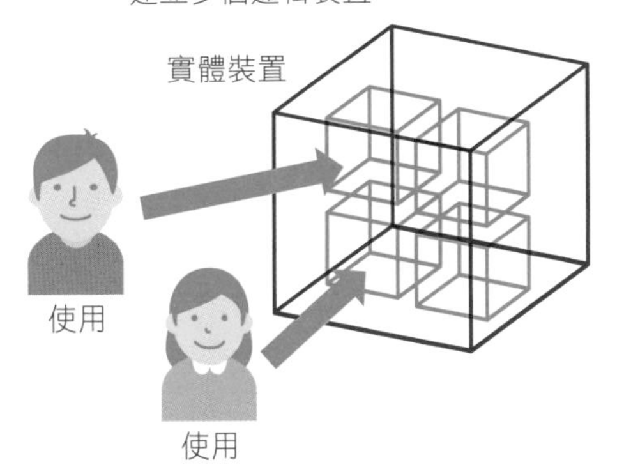

・一台可當多台使用
・裝置使用效率更高，處理能力更強

將多台實體裝置整合，
成為一個大型邏輯裝置

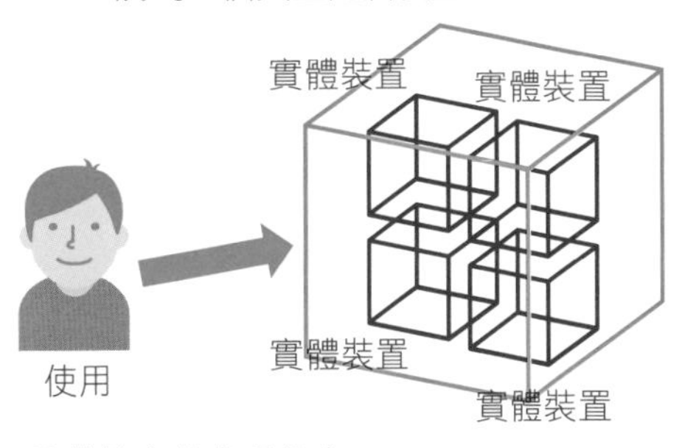

・具備較高的處理能力
・可依實際需求，進行升級或降級

08 雲端 (Cloud)

甚麼是「雲端」?

「雲端」這個詞聽起來就彷彿「雲霧」般難以捉摸，不過近年來它已經成為一種新的系統架構型態，雲端的特徵就是「**使用者可藉由網頁畫面，自行選擇要使用電腦、網路或是其他類型的服務，來建立所需的系統或服務，此種架構必須透過網路來執行。**」使用者不需要準備實體裝置，也能使用各種服務，仔細想想，「雲端」確實是一個非常奇妙的系統。

而虛擬化技術在這一類系統當中扮演著極為重要的角色，虛擬電腦或網路在真正的電腦裡只不過是一個邏輯裝置，所以不需要實體線路連接，只要運用程式進行邏輯連線，兩台虛擬裝置就能互相傳送所要處理的資料；而使用者則可透過網頁畫面來執行各種操作，這就是所謂的「雲端」服務。

「雲端」包含哪些類型？

「雲端」大致可分為 3 種類型，第一種稱為 **Iaas (Infrastructure as a Service: 基礎架構即服務)**，它是一種用來建立虛擬電腦或網路的架構。對於外部使用者來說，Iaas 就和一般的實體裝置無異，不過，實際上它卻能在伺服器裡建立具有邏輯功能的裝置，它扮演了邏輯裝置的角色，即使使用者人數驟增，也能迅速新增台數，應變能力更強。

第二種是 **PaaS (Platform as a Service: 平台即服務)**，此種架構並非針對電腦本身，而是針對使用者所呼叫的特定功能 (程式執行環境、資料庫、使用者介面等) 提供相關服務平台，使用者只要將這些功能互相搭配，即可建立個人專屬系統。

第三種是 **SaaS (Software as a Service: 軟體服務)**，此種架構是透過網路來提供軟體服務，像是電子郵件、群組軟體、試算表等。

補充 SaaS 過去被稱為 ASP 服務，隨著 Iaas 和 PaaS 開始提供此類服務，它就也被改稱為「SaaS」了。

看圖學觀念！

● 甚麼是「雲端」？

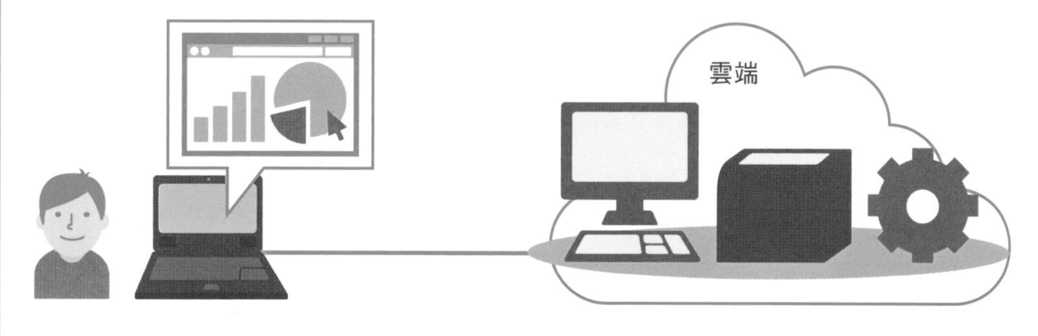

「雲端」架構就是讓使用者可以藉由網頁畫面，自行選擇所要搭配的虛擬裝置或服務，必須透過網路才能使用。

●「雲端」有哪些類型？

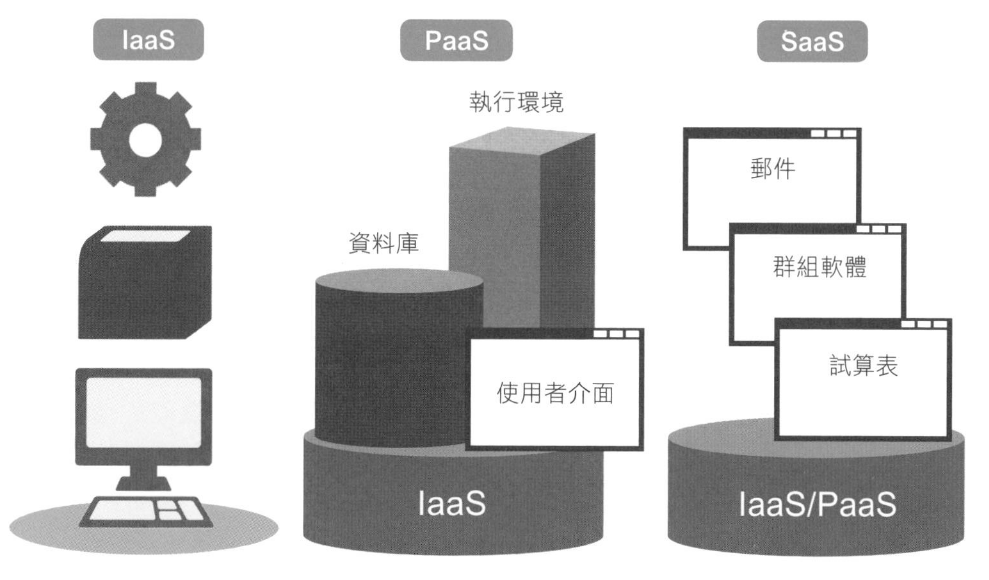

IaaS	PaaS	SaaS
提供虛擬電腦或網路的服務	提供建立系統所需的各項功能，以 IaaS 作為基礎架構	透過網路提供整合性的軟體服務，以 Iaas 或 PaaS 作為基礎架構

COLUMN

新一代「SDN」及「OpenFlow」技術，賦予網路更大的揮灑空間

這幾年，網路領域出現了一項眾所矚目的新技術，稱為「SDN(Software Defined Networking: 軟體定義網路)」，SDN 的網路功能可以切割為「資料傳遞」和「傳遞控制」等兩大部分，透過這樣的切割方式，使用者就能依個人需求隨意搭配所需要的網路功能。

以機器人為例，假設現在市面上正銷售兩款不同用途的高階機器人，一款是「多功能搬運機器人」，另一款是「多功能料理機器人」。對於消費者來說，無論他們的需求是只需要搬運舊報紙，或是做一些簡單的家常菜，他們別無選擇，只能選擇價格昂貴而且功能高階的機器人；這時候，假設有一家廠商銷售「機器人專用手、腳及身體萬用組」，讓使用者只要使用電腦，就能依照個人需求拼裝出一組機器人的頭腦，不就太完美了？消費者只需購買「機器人專用手、腳及身體萬用組」，再搭配上自己用電腦所創造出來的頭腦，這麼一來肯定有更多人能做出自己所喜歡的機器人。

以網路世界來說，要實現這樣的夢想就必須透過 SDN 的概念。SDN 將過去被建立在同一個設備中的資料傳遞機制(資料層)以及傳遞控制機制(控制層)這兩個部分切割開來，如此一來，使用者就能透過電腦隨心所欲地進行傳送控制，所建置出來的網路功能也會更具靈活性。

OpenFlow 是一種將這些想法具體化的規範，目前業界已經針對實際進行資料傳遞的「OpenFlow switch」以及將這些指令程序化的「OpenFlow 協定」制訂了共同的規範。「OpenFlow 控制器(Controller)」會根據 OpenFlow 協定的規範，對 OpenFlow switch 下達必要指令，以執行相關的網路功能。

Chapter

5

各種網路服務技術

本章將從不同的角度，剖析郵件、網頁等網路及應用程式是如何進行通訊作業的。在您深入瞭解這些習以為常而且不曾注意過的動作後，必定能產生不同於以往的思維與認識。

01 網頁的主要技術

超文字 (Hypertext) 的概念

我們經常會在網路上看到許多公司機構或是個人所設置的網頁，這些網頁必須使用到一種稱為 WWW(World Wide Web) 或是簡稱為 Web 的技術，透過這樣的技術，讓我們得以使用網路來瀏覽放在網際網路伺服器上的資料。這些資料所使用的文件格式為「超文字」，「超文字」會在文件裡嵌入一種稱為「超連結」的格式，讓使用者能夠參照其他文件。透過超連結的方式，即可為多個文件建立關聯性，將這些文件串聯起來，藉以表示一個龐大的資訊。要編寫超文字，必須透過 HTML 這一類專用的標記語言。

甚麼是「URL」？

若您要表示網頁上的資料或是各種檔案，必須用到「URL(Uniform Resource Locator: 統一資源定位器)」，亦可稱為「網頁位址 (Homepage address」。網站經常會用到的 URL 通常是由三個部分所組成，包含通訊協定名稱 (Scheme)、主機名稱和路徑名稱。

「通訊協定名稱 (Scheme)」可用來指定您所要使用的通訊協定種類，像是 http、https、ftp、mailto 等皆為代表性協定。「主機名稱」可用來指定您所要連接的電腦域名及 IP 位址等。最後一個是「路徑名稱」，可用來指定文件要儲存在伺服器裡的哪個位置。

靜態內容和動態內容

網頁的內容必須事先製作完成並且儲存在伺服器中，內容可分為「靜態內容」以及當電腦要求伺服器讀取文件時，再由程式來建立內容的「動態內容」等兩種。靜態內容適合內容變化幅度較小者，例如機關行號網站的首頁。相對地，動態內容則適合每次存取資料時都希望產生不同結果時，例如，若搜尋的關鍵字不同，搜尋結果也會跟著改變，由此可知，搜尋引擎的結果顯示畫面屬於動態內容。

看圖學觀念！

●「超連結」連結多個具有關聯性的「超文字」，即一般的瀏覽網頁

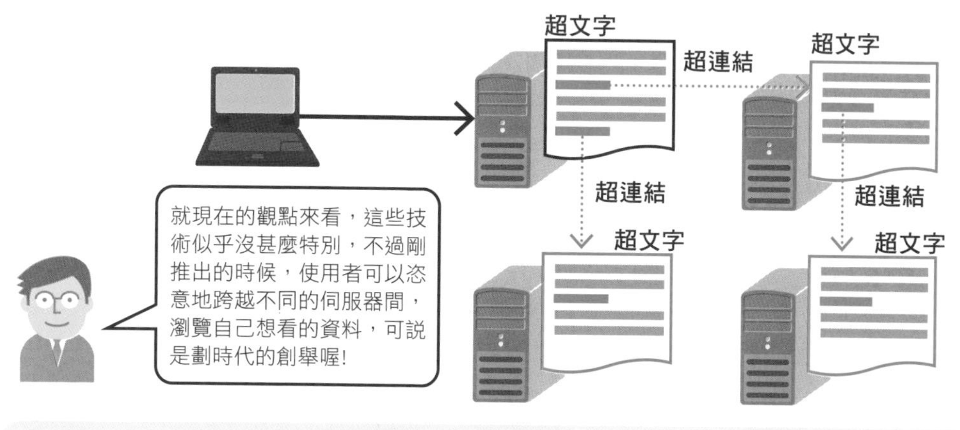

● 用 URL 來表示網頁上的資訊

主機名稱的前方可視實際需要，以使用者名稱：密碼@的格式寫入登入資訊，適用於 ftp 等

主機名稱的後方可視實際需要，以連接埠編號的格式，寫入連接埠編號。若省略表示目前所使用的是通訊協定的標準連接埠編號

http://www.sbcr.tw/index.html

通訊協定名稱

指定您所要使用的通訊協定

http	未加密的網頁
https	已加密的網頁
ftp	傳送檔案
mailto	傳送郵件

主機名稱

用來指定所要連線的電腦名稱及 IP 位址

路徑名稱

可用來指定文件儲存於伺服器中的位置，若省略表示目前所指定的是預設文件

● 靜態內容和動態內容

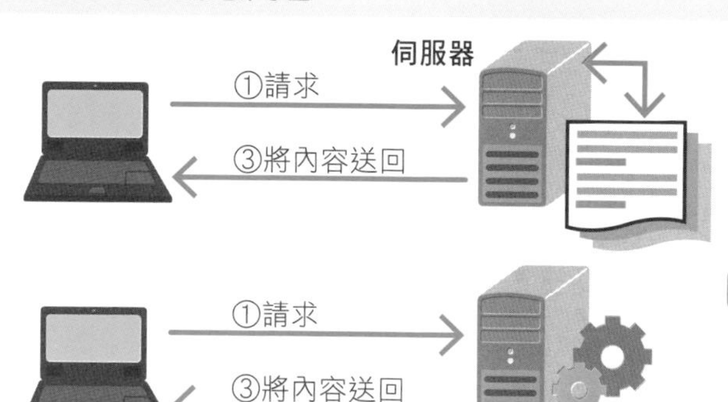

靜態內容

②讀取已事先編寫好的資料

動態內容

②每次皆必須透過程式來建立資料
（例：搜尋結果畫面）

02 HTTP

HTTP (Hypertext Transfer Protocol: 超文字傳輸協定) 是一種在網頁伺服器及網頁瀏覽器之間，負責處理網頁資料的通訊協定。平常當我們要利用網頁來蒐集資訊，或是讀取部落格時，都必須用到 HTTP 來執行處理作業。

HTTP 的其中一項特徵就是它的動作極為單純，當它處理資料時，通常會由用戶端 (網頁伺服器) 送出請求，然後再由伺服器將回應送回。它的規則是一項要求必須對應一項回應，多一次少一次都不行，而且，若是同樣的要求曾經出現過，回應就必須完全一樣。正因為它具有簡單、直接的特性，除了網頁伺服器和網頁瀏覽器之間的處理作業外，它還被廣泛地運用在像是智慧型手機 App 呼叫伺服器、或是呼叫伺服器彼此進行服務等，這些使用方法將在 REST API (5-11 節) 做進一步的說明。

在大多數的情況下，HTTP 會和 TCP 互相搭配使用，搭配 UDP 使用則較為少見。伺服器用來接受 HTTP 通訊的連接埠編號通常為 Port 80，不過若有特殊用途，也有可能用到 Port 80 以外的連接埠，比方說，HTTP Proxy (代理伺服器) 就是其中一個例子。

● 請求 (Request) 和回應 (Response)

系統會透過 TCP/IP 將 HTTP 要求 (Request) 傳送到伺服器，當伺服器收到該請求後，就會開始處理請求的內容，最後再將 HTTP 回應 (Response) 當作處理的結果送回伺服器。

請求 (Request) 包含了幾個部分： 請求行 (Request line)、標頭欄位 (Header field) 及訊息主體 (Message body)。利用方法 (Method) 即可指定你要對請求行做甚麼樣的動作。比方說，若你想要從伺服器提取某個檔案，這時候，你只要將方法設置為 GET，即可指定要提取的檔案名稱，標頭欄位則是輔助欄位的指定區。

回應 (Response) 包含了狀態行 (Status line)、標頭欄位及訊息主體等部分，處理結果將以狀態碼 (Status code) 的形式來表示，若狀態碼顯示為 200，代表伺服器送出處理作業正確完成的回應訊息。

看圖學觀念！

HTTP 的模式極為單純，一項要求必須對應一項回應

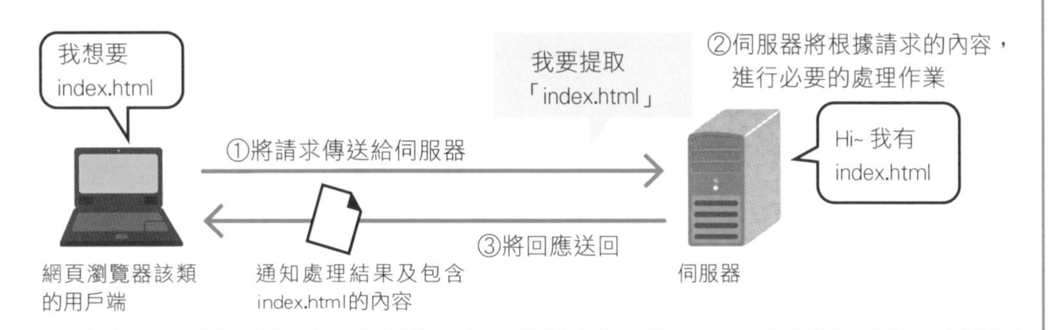

HTTP 請求

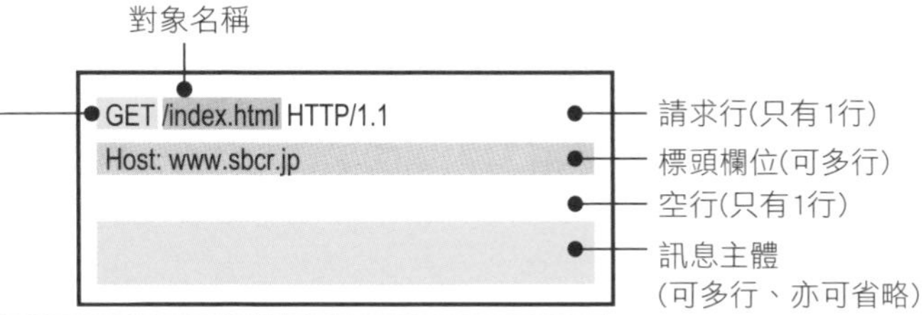

主要方法	意義
GET	從伺服器提取所要指定的標的
HEAD	從所指定的標的中提取相關標頭資訊
POST	將資料傳送給所指定的標的(程式)
PUT	將檔案寫入伺服器
DELETE	刪除伺服器裡的檔案

HTTP 回應

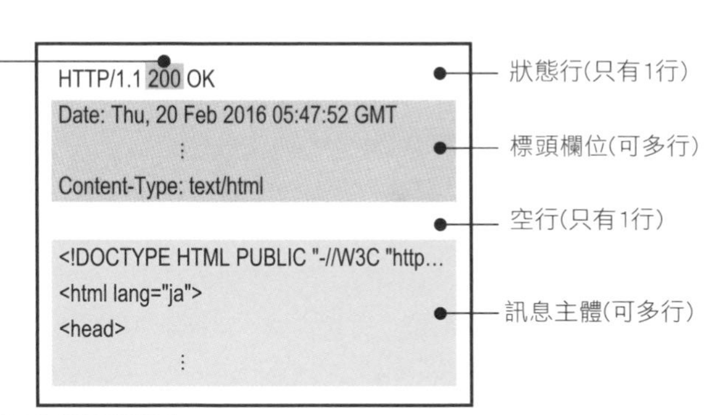

主要的狀態碼	意義
200	正常
401	需要認證
404	找不到請求的資源
408	請求逾時
500	伺服器內部發生錯誤

03 HTTPS 和 SSL/TLS

HTTPS 概述

HTTPS (Hypertext Transfer Protocol Secure: 超文字安全傳輸通訊協定) 是一種 HTTP 通訊的安全機制，當網頁瀏覽器和網頁伺服器在進行網路銀行、信用卡服務或是個人資料註冊或修正等類型的處理作業時，就必須用到 HTTPS。HTTPS 連線預設的埠編號為 Port 443，無論是未加密的 HTTP 通訊或是已加密的 HTTPS 通訊，只要根據網站的 URL 就能一目瞭然。以「http;//」開頭的網站是透過 HTTP 進行通訊，若是該網站的開頭為「https://」，表示它是採用 HTTPS 通訊機制。

HTTPS 並不是特別制訂出來的一項通訊協定，它必須透過 SSL (Secure Sockets Layer: 安全封包層協定) / TLS(Transfer Layer Security: 傳輸層安全協定) 等通訊協定來建立安全連線，接著才能利用 HTTP 執行通訊作業，因此，它完全承襲了 HTTP 單純及共用性高這些特色。

使用 HTTPS，即可為 HTTP 請求及回應的內容加密，這麼一來無論是網際網路上的某地或某人想要竊取資料，皆無法如願。不但如此，它還能偵測出是否有人蓄意中途改寫通訊內容，也就是發生「竄改」行為。HTTPS 具有一項功能，那就是驗證你所要連線的網頁伺服器的真實身份。

SSL/TLS 概述

SSL/TLS 備有多種機制 (處理方法) 可供選擇，適合像是指定對象 (認證)、更換加密金鑰及資料加密等不同的需求，伺服器會在通訊一開始的階段和用戶端互相溝通，討論所要使用的機制，接著再選出一個彼此都適用的機制，這就稱之為「協商 (Negotiation)」。

有一點必須特別注意的是，密碼的安全性等級可分為最高和較低等各種類型，若伺服器或是瀏覽器其中一方僅支援較低的安全性等級，那麼使用者也只好使用安全性等級較低的密碼來執行通訊作業。

看圖學觀念！

要建立安全通訊，必須透過 HTTPS

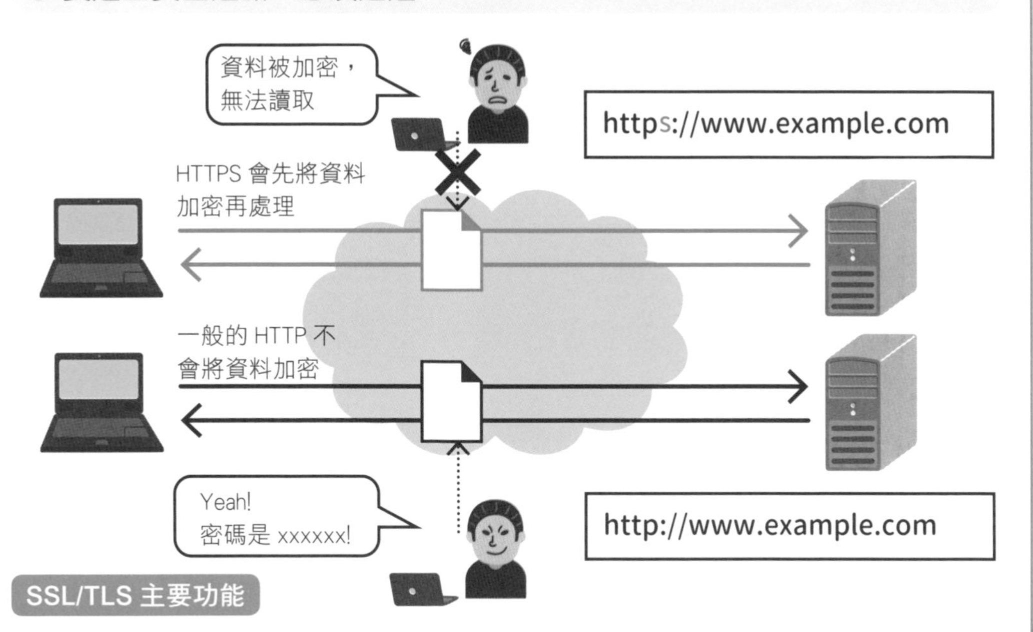

SSL/TLS 主要功能

加密	即使資料被竊取，對方也看不到內容
竄改偵測	可偵測出通訊過程中內容是否被竄改
認證	確認對方的真實身份

SSL/TLS 運作於 HTTP 和 TCP 之間，負責加密工作

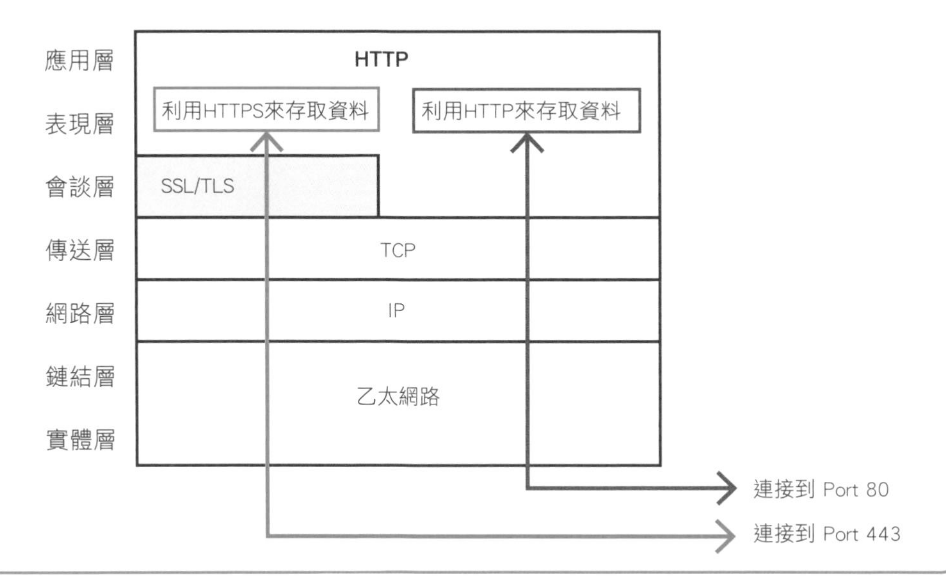

04 SMTP

SMTP(Simple Mail Transfer Protocol:簡易郵件傳輸通訊協定)是一項用來傳遞電子郵件的通訊協定，通常會和 TCP 一起搭配使用。預設的連接埠號為 Port 25，最近也有人開始使用其他的埠號，此點將留待後面的章節做進一步的說明。

右圖所示為 SMTP 傳遞郵件時典型的處理程序，它不像 HTTP，一次的要求對應完一次的回應後就結束作業了，只要處於連線狀態，就必須不斷地執行指令和回應，回應時將以 3 位數的回應碼來表示結果，通常回應碼的後面會顯示可供人類判讀的英文訊息。

Submission Port

有些國家會禁止 ISP 以外的郵件伺服器連線到 Port 25，例如為了阻絕垃圾郵件，日本實施所謂的「OP25B (Outbound port 25 blocking)」作為防治對策。

網際網路郵件典型的傳遞類型如下：

① 透過 SMTP 將郵件傳送給擁有自主使用權的郵件伺服器

② 透過 SMTP 將郵件從擁有自主使用權的郵件伺服器轉送到設有收件人電子信箱的郵件伺服器中

③ 郵件送出後會被放到收件人的電子信箱

日本實施 OP25B 後，只要郵件伺服器位於 ISP 以外的網域，上述的第 1 種類型將無法連接 Port 25，必須改以 Port 587 來取代。Port 587 屬於 Submission Port，必須設定 SMTP-AUTH （送信時需驗證帳號和密碼），郵件只會被傳送到該郵件伺服器裡符合帳號 / 密碼驗證的收件人，這麼一來就能降低郵件伺服器被盜用的危機，同時達到杜絕垃圾郵件的效果。不過，使用者就必須自行判斷要用 Port 25 或是 Port587 當作郵件傳送的連接埠。

補充 SMTP 不會將通訊內容加密，近幾年 SMTP 常會透過 SSL/TLS 將內容加密，並擴充成為 SMTPS，此種作法已廣被採用。

看圖學觀念！

SMTP 典型的處理程序

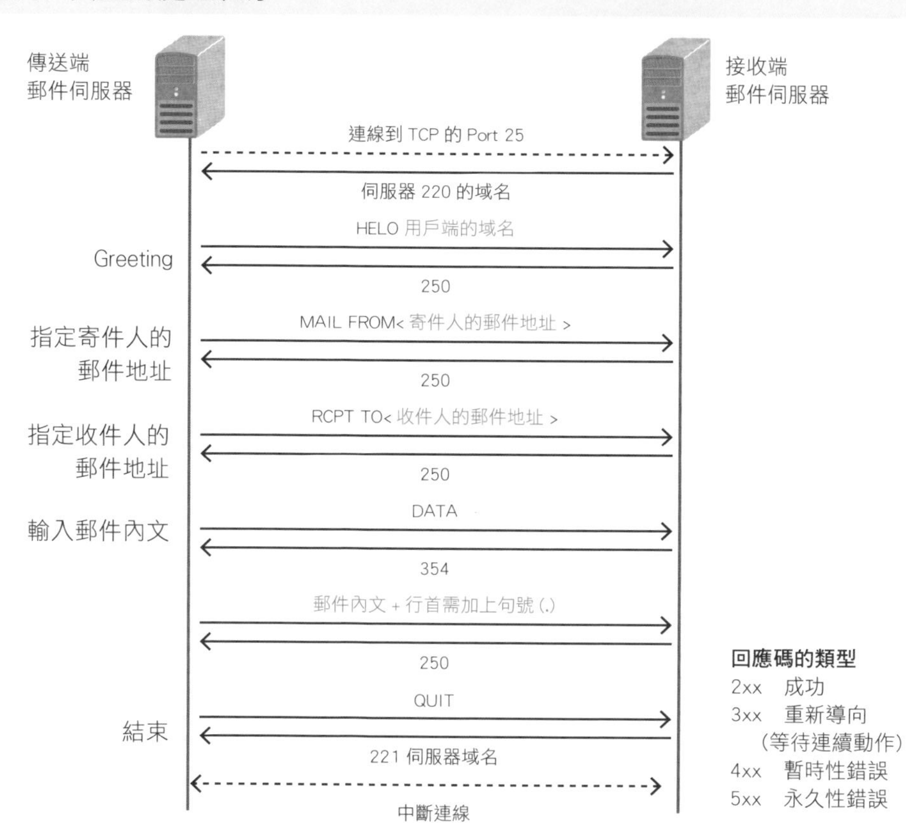

回應碼的類型
2xx 成功
3xx 重新導向
(等待連續動作)
4xx 暫時性錯誤
5xx 永久性錯誤

Submission port (Port 587)

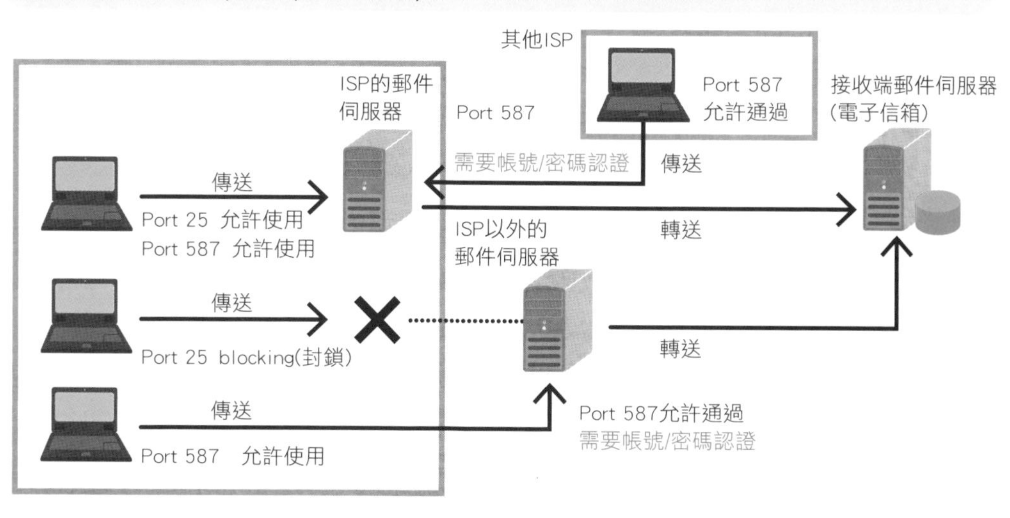

05 POP3 和 IMAP4

POP3

POP3 (Post Office Protocol Version 3: 電子郵件協定 3) 和 IMAP4 (Internet Message Access Protocol Version 4: 網際網路訊息存取協定 4) 都是用來將郵件由電子信箱中讀出的通訊協定。網際網路中的電子郵件是透過 SMTP，根據接收端郵件位址送到該電子信箱所屬的伺服器，然後再儲存於電子信箱中，要讀取儲存於電子信箱中的郵件必須用到 POP3 和 IMAP4 這兩項協定。

POP3 的特色在於**它所採用的形態就是將電子信箱中的郵件讀入電腦，接著就能在電腦中進行整理或瀏覽的動作**。基本上來說，當郵件被讀取後，伺服器裡的電子信箱就會被清空 (亦可選擇保留備份)，這時候郵件會被全部讀到電腦中，因此即使網路斷線，還是可以隨時瀏覽郵件。相對來說，因為 POP3 會一股腦地將所有郵件全讀到電腦中，所以如果你也想從手機上讀到同一封郵件，就不適合使用這種作法囉！

POP3 通常會搭配 TCP 一起使用，預設埠號為 Port 110，而透過 SSL/TLS 提供加密機制的 POP3 就稱之為 POP3S。

IMAP 的運作是將郵件保留在電子信箱中

相反地，IMAP4 則是將郵件保留在伺服器的電子信箱中，以供使用者整理或瀏覽。由於郵件被保留在伺服器中，讀取時一定得連接網路才行，此點和 POP3 截然不同，因為 POP3 即使在斷線狀態下仍能讀取郵件。不過，IMAP4 也有它的優點，那就是只要在伺服器中保留郵件備份，這麼一來無論任何中端裝置都能讀取同一封郵件，對於常常需要使用電腦和智慧手機的人來說，可說極為方便。

IMAP4 通常會搭配 TCP 一起使用，預設埠號為 Port 143，它還可以透過 SSL/TLS 提供加密機制成為 IMAP4S 協定。

補充 隨著公共無線網路日益普及，資料遭到竊取的事件亦時有耳聞，因此採用 SSL/TLS 加密機制的 POP3S 及 IMAP4S 已廣為業界所採用。

看圖學觀念！

● POP3 和 IMAP4 都是用來將郵件由電子信箱中讀出的通訊協定

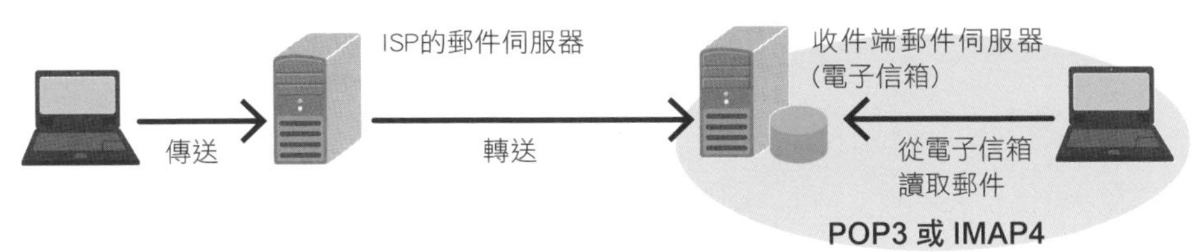

POP3 的處理程序

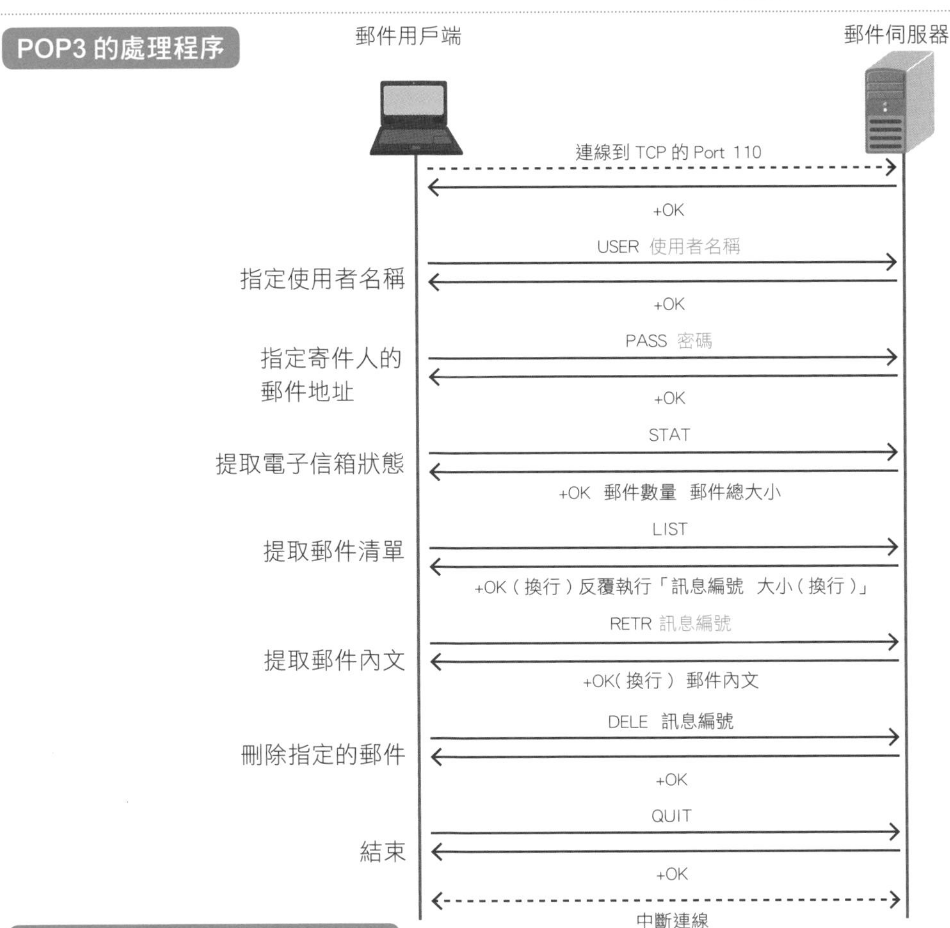

POP3S 和 IMAP4S 適用之埠號

通訊協定	埠號	
	使用 STARTTLS	僅使用 SSL/TLS
POP3S	110	995
IMAP4S	143	993

Chapter 5 各種網路服務技術

06 FTP

FTP (File Transfer Protocol)是一項用來傳送檔案的通訊協定，也是一個歷史悠久的通訊協定，它和 HTTP 所扮演的角色相同，而且它不像 HTTP，嚴密規定必須是機關行號才能使用該網路，這麼一來就大大削減了 FTP 的存在空間了。不過，它具有 HTTP 所缺乏、獨一無二的特色，因此直到現在它仍存在著立足之地。

FTP 通常會和 TCP 一起使用，Port 21 作為傳送控制之用，Port 20 則用來傳送資料，預設的埠號有 2 個，是為了方便 FTP 可同時和這兩個連接埠互相連線，當其中一個連接埠被連線作為傳送控制用途時，另一個則可實際進行資料的傳送。FTP 在執行傳送控制時採獨立連線方式，因此傳送過程中可隨時停止傳送，此種控制方式的優點就是簡單方便。

● 主動模式和被動模式

使用 FTP 時會遇到甚麼樣的問題呢，那就是第 2 組連線 (用來傳送資料) 的建立順序。在未特別指定的條件下，FTP 通訊協定會透過 FTP 伺服器來連接 FTP 用戶端，可是對於現今的商務或家用網路來說，為了避免被駭客攻擊，大多禁止外部電腦直接連線進來，那麼 FTP 就無法建立傳送資料所需要的連線，當然也沒辦法開始執行資料傳送。為了解決這樣的狀況，商務或家用網路，通常會在 FTP 用戶端建立第 2 組連線 (用來傳送資料)，並採用主動模式，理論上來說，只要採用主動模式來連線，即可滿足商務或家用網路需要透過 FTP 來傳送資料的需求了。

● 支援加密機制的 FTPS 和 SFTP

對於 FTP 來說，不管是登入或傳送資料，它都不採用機密機制，若有加密需求時，則必須使用 FTPS 或 SFTP。FTP 透過 HTTPS 和 SMTPS 等安全夥伴，而 FTP 則搭配 SSL/TLS 等機制以確保安全的通訊品質。除此之外，SFTP 所使用的是 SSH 機制，來保障檔案傳送時的安全性。

看圖學觀念！

FTP 典型的處理程序

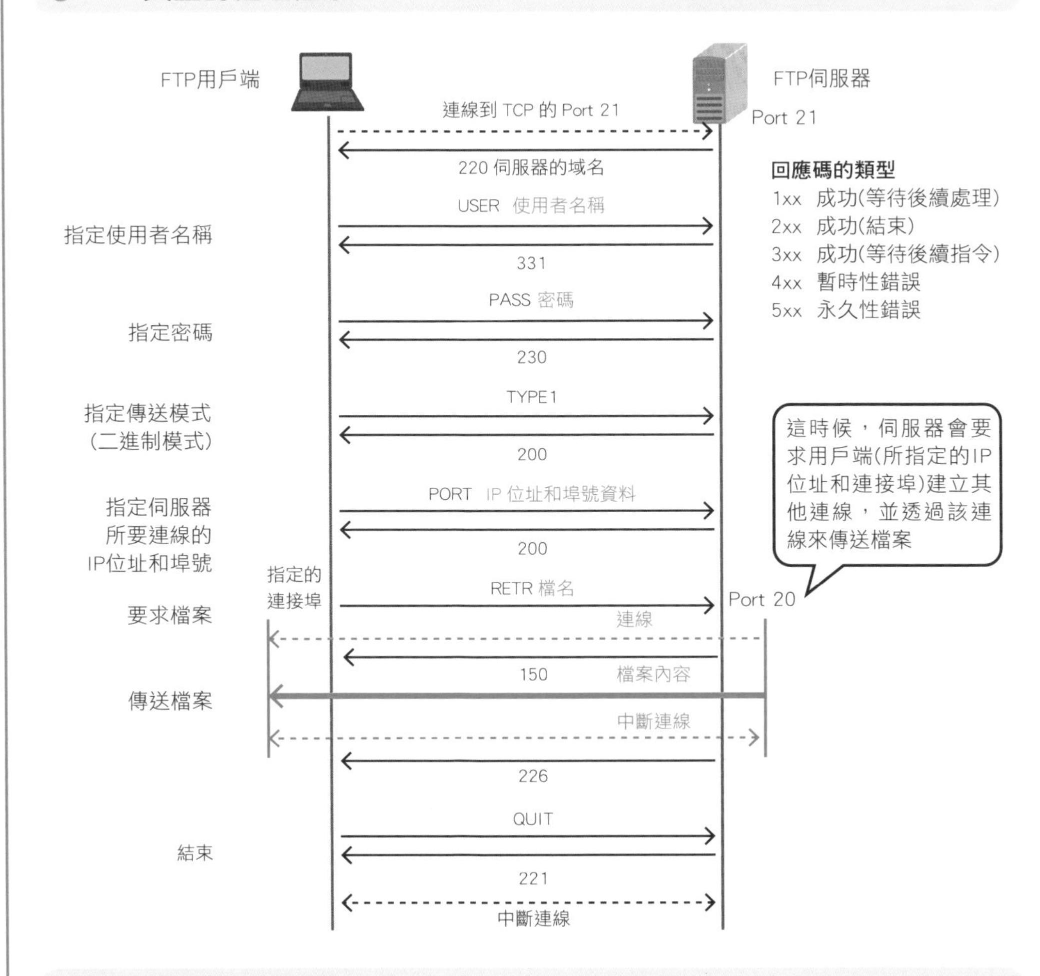

FTP 典型的處理程序

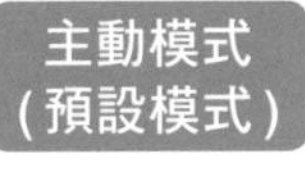

FTP 用戶端

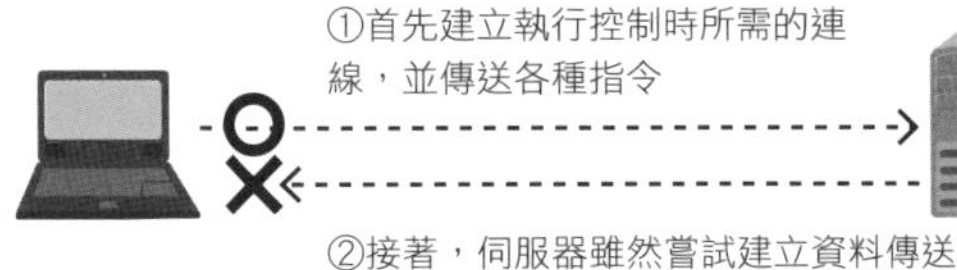

被動模式

FTP 用戶端

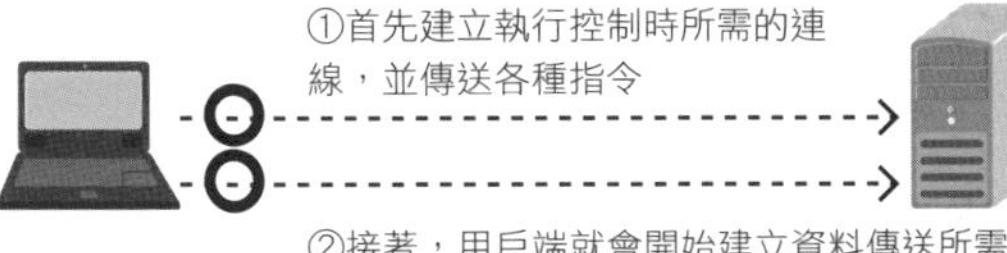

07 SSH

SSH 概述

平常當我們使用 Windows 這一類型作業系統的電腦時，常會用到許多圖形，此種主要透過滑鼠來操作的樣式就稱之為 GUI (Graphical User Interface: 圖形使用者介面)。相較之下，過去的電腦僅會顯示文字畫面，文字必須透過鍵盤來輸入及操控，此類樣式則稱為 CUI (Character-based User Interface: 字元使用者畫面)或 CLI (Command Line Interface: 命令行介面)。

SSH (Secure Shell，安全殼)是一項用來連接伺服器或網路設備，並且透過 CUI 以操控連線對象的通訊協定，同時，它也是連線程式的名稱。SSH 必須搭配 TCP 使用，預設的埠號為 Port 22，**負責執行操作動作的 CUI 畫面稱之為終端機 (Terminal) 或控制台 (Console)**。SSH 最大的特色在於處理作業採用機密機制，因此操作時安全性更高，無論是伺服器管理員還是網管人員，若是要登入目的端裝置或取得管理員權限，皆必須輸入登入密碼和管理員密碼，以免資料外洩給第三人。使用 SSH，可避免因資料被竊取而造成重要機密外洩的情形。

安全性更高的公開金鑰認證

要登入目的端電腦，除了輸入帳號和密碼這項認證方法外，SSH 還支援了一種安全性更高的機制，稱之為「**公開金鑰認證**」。使用公開金鑰認證前，必須先建立好含有傳送端認證資訊的公開金鑰和秘密金鑰，並且先將所要登入的目的端資料儲存於公開金鑰中，接著，便能在登入目的端時，將公開金鑰傳送並儲存在您所要登入的目的端，如此一來就能使用這一對秘密金鑰來登入了。不過，採用帳號和密碼的安全機制也有可能被有心人透過輪詢的方式加以破解，這時候只要在登入時加上秘密金鑰這項條件，就能杜絕被破解的風險。除此之外，秘密金鑰需要預設通行密語 (Pass-phrase)，換句話說，必須同時吻合持有秘密金鑰，以及知悉通行密語等兩項條件，才能登入電腦，大大提高了安全層級。

補充 SCP(Secure Copy: 安全複製)是一項以 SSH 機制為基礎，讓電腦可以彼此透過網路，安全地進行檔案複製的通訊協定。

看圖學觀念！

GUI 和 CUI 的差異

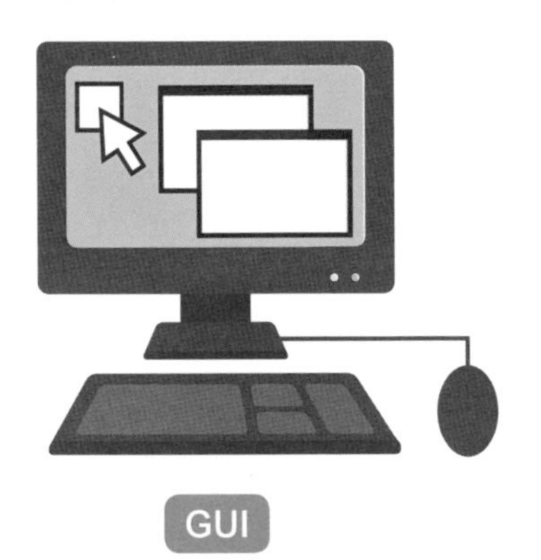

SSH 是一項透過 CUI 來操控連線對象的協定

SSH 的動作概念

連線到伺服器或網路設備後，再透過 CUI 提高控制時的安全性。

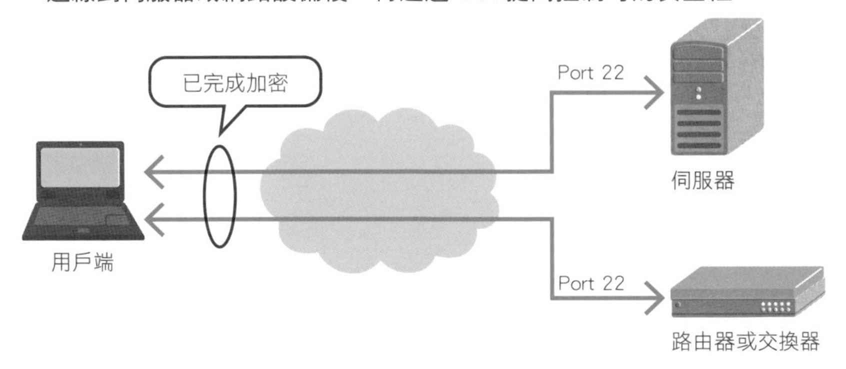

使用公開金鑰認證，即可提高安全性

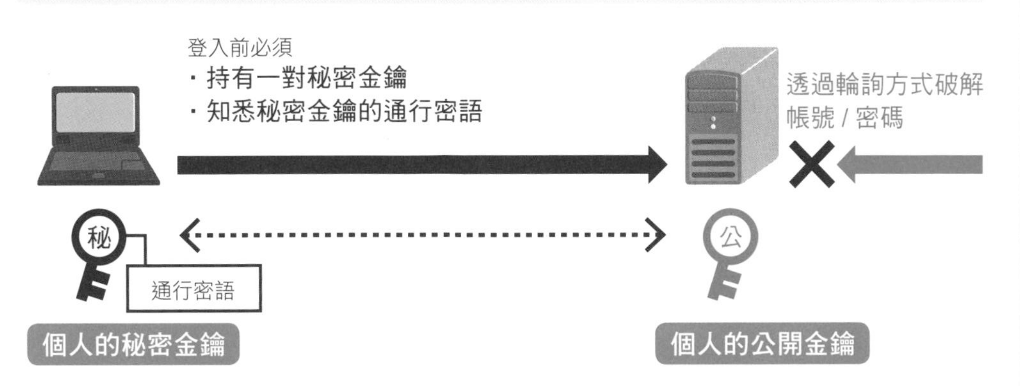

08 DNS

有時候，TCP/IP 架構的網路會以「域名」作為電腦名稱，而非 IP 位址。若要透過域名來查詢 IP 位址(正向解析)，或是反過來，利用 IP 位址來搜尋域名(反向解析)的方法就稱之為「名稱解析」。在網際網路中，DNS (Domain Name System: 網域名稱系統)便提供了前述的名稱解析功能。DNS 伺服器係透過 TCP 的 Port 53 進行「區域傳送(Zone transfer)」，以執行資料複製的作業。DNS 的特徵之一就是具備分散式協調處理功能，處理負載並不集中在特定的伺服器身上，而是根據域名的結構，讓分散為多個的伺服器互相協調，同時一面進行名稱解析的處理作業。

名稱解析機制

連線到網際網路的電腦通常必須先做好 DNS 存取設定(向本機指定的 DNS 伺服器要求查詢 IP 位址)並根據域名來指定所要連線的目的端。首先，必須要求 DNS 進行名稱解析，一旦接收到相對應的 IP 位址，即可開始和該 IP 位址互相通訊。

DNS 系統是由伺服器所組成的，包含內容伺服器和快取伺服器(Full service reserver)等兩種。當電腦或伺服器的程式提出名稱解析的要求後，電腦或伺服器會透過內建的名稱解析器程式(Stub resolver: DNS 解析程式)，將名稱解析的請求傳送給快取伺服器，接著快取伺服器就會開始對內容伺服器進行存取並進行名稱解析，並將解析的結果送回到名稱解析器，最後再轉送給電腦或伺服器的程式。

此外，伺服器在每個查詢階段所取得的回應資料會先被儲存在「DNS 快取(Cache)區」，下一次若要查詢同樣的內容，就不需要再詢問內容伺服器了，只要直接使用儲存在快取區中的結果即可，如此一來，就能有效提高名稱解析的效率，避免增加通訊作業無謂的負擔。

補充 送回內容伺服器的資料應設置有效期限，一旦超過有效期，儲存在快取區的資料就會被丟棄，藉以避免過舊的資料重複被使用。

看圖學觀念！

域名比 IP 位址來得好記

將域名和 IP 位址互相轉換就稱為「名稱解析」。

名稱解析

www.sbcr.tw —正向解析→ 118.103.124.61

www.sbcr.tw ←反向解析— 118.103.124.61

依轉換方向不同，可分為「正向解析」和「反向解析」等兩種

DNS 解析動作示意圖

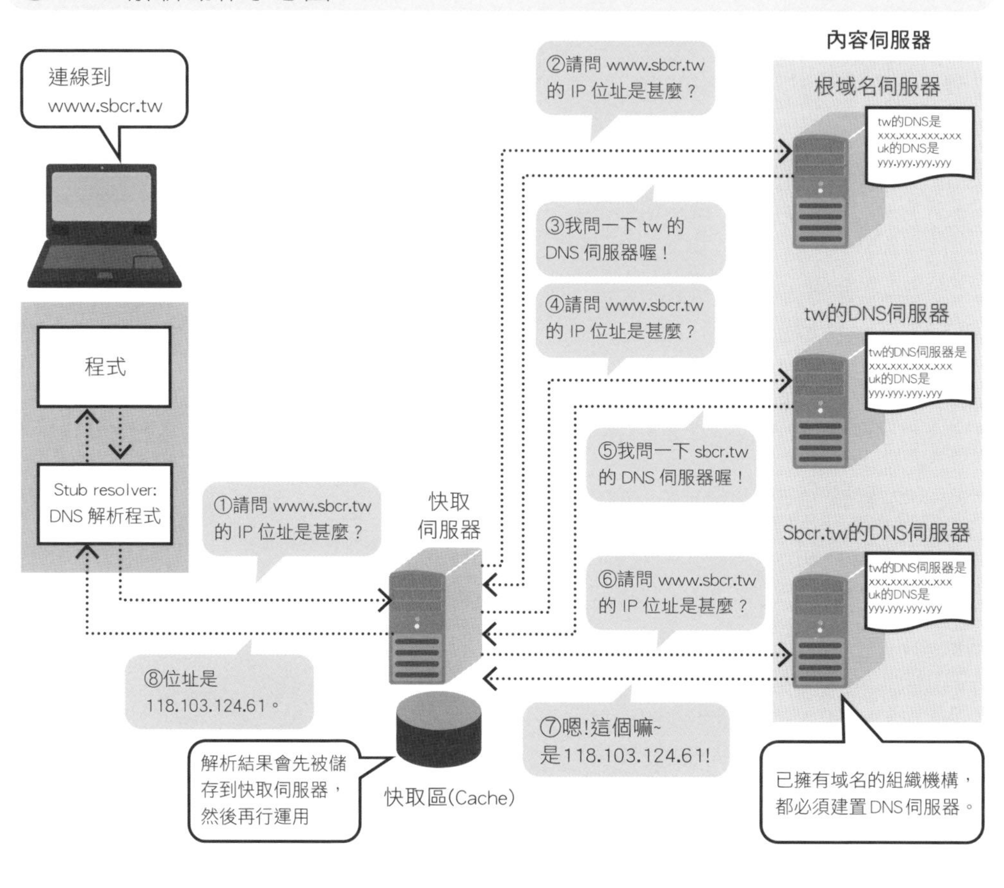

09 NTP

校時的重要性

NTP(Network Time Protocol:網路時間通訊協定)是一種讓電腦只要連上網路，就可以進行校時的協定。以傳輸層協定來說，它適用的是即時性較高的 UDP，所使用的埠號為 No.123。

若是多台電腦同時連接網路，讓電腦的時間彼此同步，就成為非常重要的一件事。比方說，在某些情況下，會嚴格要求郵件處理的時間，這時候，假如寄件人和收件人的時間不同步，就會產生各說各話的情形；或是，當系統發生故障時，2 台伺服器需要透過比對記錄檔 (動作記錄) 的方式，重新回顧先前的動作，此時若是雙方時間不同步，就很難掌握彼此的相對關係。

NTP 具有發送正確時間的機制

NTP 伺服器會透過 NTP 來提供時間資訊，NTP 伺服器負責發送用來表示 UTC(世界標準時間 : 日本標準時間 -8 小時) 的時間資訊，發送時必須先預估好通訊所需花費的時間，然後再進行修正。例如，若是透過光纖纜線來執行網際網路通訊時，從傳送封包到本國的伺服器到接收到伺服器的回應，最少需要 10msec~99msec，因此，要取得正確的時間資訊，非常重要的一個步驟就是修正。

萬一負責提供時間資訊的 NTP 伺服器數量不多的話，就會造成存取作業過於集中，以致於負載過重，於是，NTP 伺服器採用階層架構來避免這樣的問題發生。NTP 時間資訊的來源包括精度高達微秒的原子鐘，或是 GPS 等時間源 (Time source)，它們被定位在階層 0(Stratum-0)，而那些直接連結到時間源的伺服器即為階層 1(Stratum-1)，被歸類在這個階層的裝置數量不多，因此 NTP 還定義了下一層，也就是階層 2(Stratum-2) 伺服器，以及下下一層的階層 3(Stratum-3) 伺服器，藉以發送時間資訊給數量繁多的電腦使用。

看圖學觀念！

對於透過網路連線的電腦而言，校時是非常重要的

假如伺服器的時間全部不正確，即使比對記錄檔，
也完全無法得知到底發生甚麼事了！

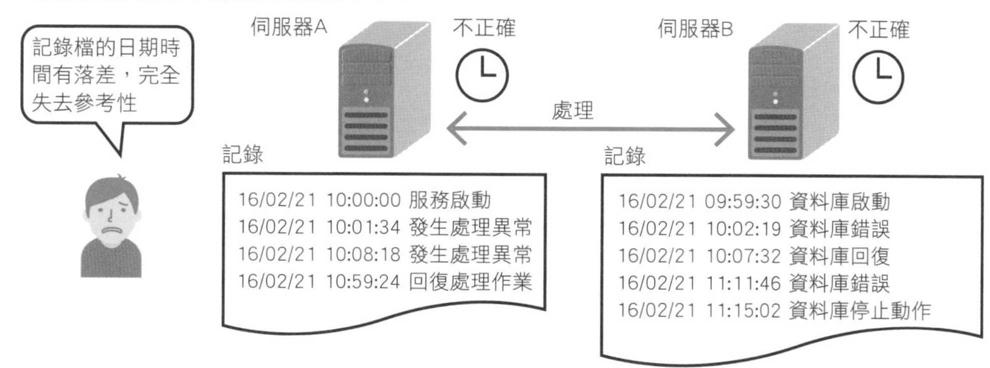

NTP 伺服器採用階層架構

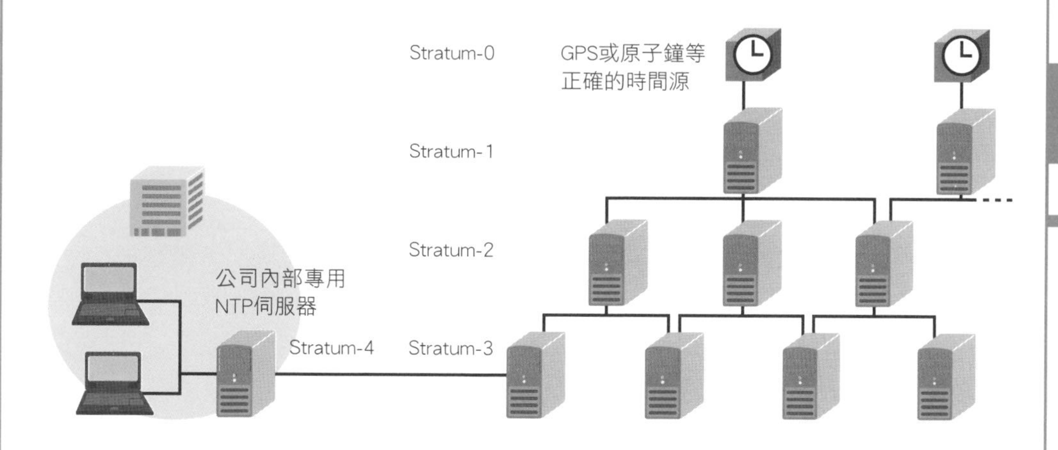

只要突然對行進中的時鐘進行校時，應用程式就會開始進行回溯

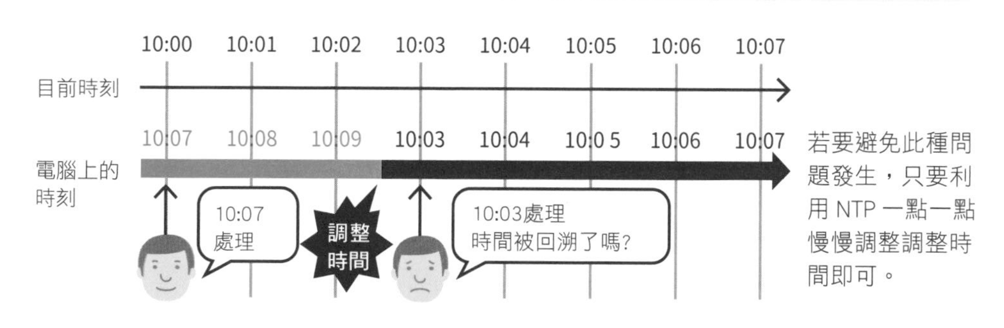

若要避免此種問題發生，只要利用 NTP 一點一點慢慢調整調整時間即可。

10 HTTP Proxy (HTTP 代理伺服器)

Proxy 概述

當我們透過 HTTP 對網際網路上的網業伺服器進行存取動作時，電腦或智慧型手機等裝置會直接和伺服器連線，然後再透過伺服器來執行請求或回應等處理作業，這是最常見的一種連線基本形態，一般只要家裡使用 Wi-Fi 路由器，幾乎 100% 採用前述型態，來進行網頁伺服器存取作業。

然而，對於企業或團體這一類的企業網路來說，每一台電腦不需要直接和網際網路上的網頁伺服器進行通訊，而是透過某個負責轉送的電腦，執行網際網路上的處理作業，**這一類的電腦可在中間進行資料內容的轉送，一般稱之為「代理伺服器 (「Proxy」一詞具有代理的意思)」**。除此之外，還有一種稱為「**HTTP Proxy(HTTP 代理伺服器)**」的代理伺服器，它是一種負責轉送 HTTP 網頁內容的代理伺服器，適合作為網頁存取之用。Proxy(代理伺服器) 可分為好幾種，一種是每台電腦必須事先經過設定才能啟動該功能，另一種則是強制透過代理伺服器 (Proxy) 直接存取網際網路上的資料，而且不需要特別進行設定，後者稱為「通透式代理伺服器 (Transparent Proxy)」。

使用 HTTP Proxy 的原因

使用 HTTP Proxy 的目的是為了讓辦公室裡的電腦能夠全部透過代理伺服器來存取網頁，換句話說，就是代理伺服器透過某一種參與的形式，對網頁伺服器作出請求或接收回應。

HTTP Proxy 有一項稱為「內容快取 (Contents Cache)」功能就是運用前述的特性。當代理伺服器收到網頁伺服器的回應後，就會先將回應內容儲存起來，藉以縮短顯示網頁所需的時間，同時還能達到降低網路連線壅塞的效果。不但如此，HTTP Proxy 可有效「**偵測病毒及防止駭客入侵**」，此外，它還能「**阻隔惡意網站**」，HTTP Proxy 會先檢查使用者所要存取的網址 (URL)，一旦發現這是一個惡意網站，就停止存取，並送回一個「無法存取」的回應訊息。

看圖學觀念！

HTTP Proxy 以快取方式執行動作

使用 HTTP Proxy 時，電腦或是網際網路上的網頁伺服器只要和代理伺服器 (Proxy) 進行通訊即可。

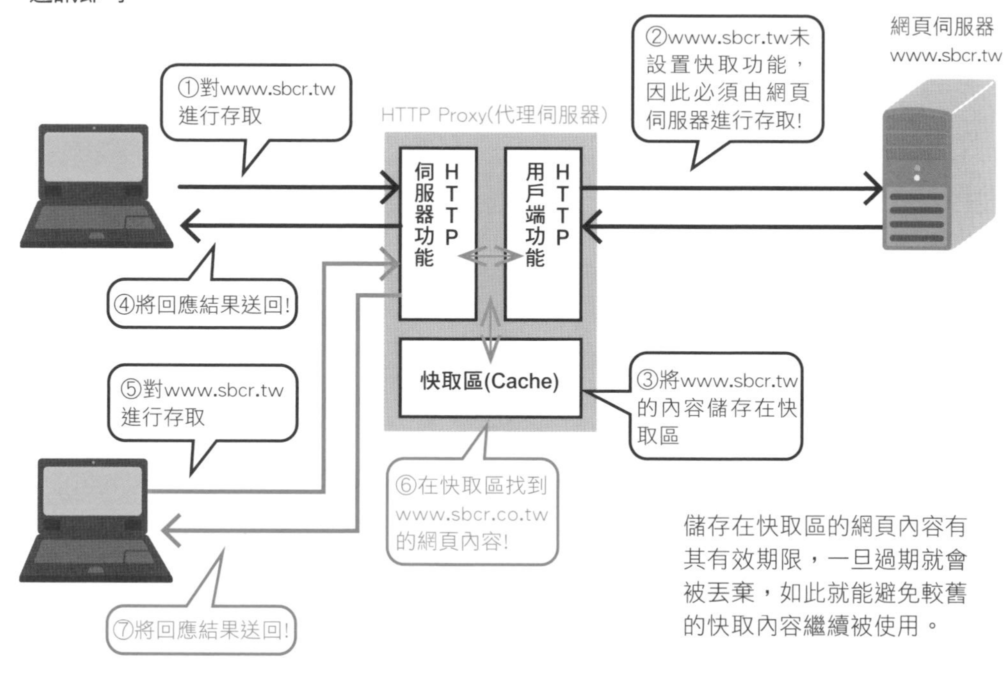

儲存在快取區的網頁內容有其有效期限，一旦過期就會被丟棄，如此就能避免較舊的快取內容繼續被使用。

HTTP Proxy 的主要功能

- ▶網頁快取
- ▶偵測病毒、避免駭客入侵
- ▶隔絕惡意網站

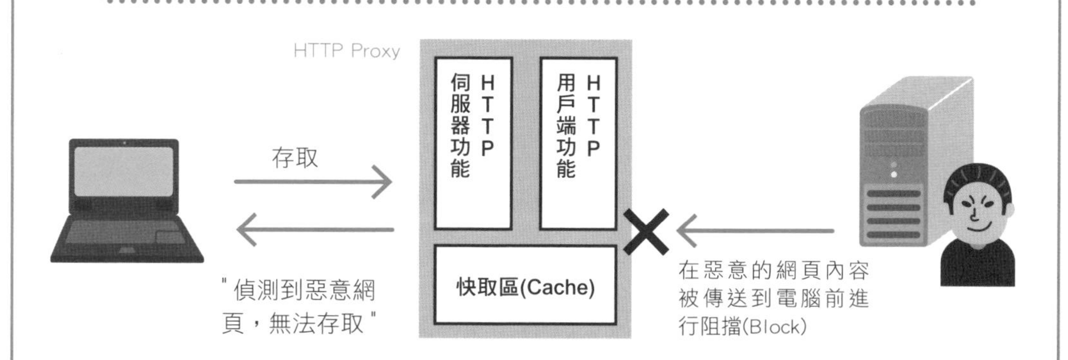

11 協作服務與 REST API

● 透過網路呼叫需要的功能

電腦透過網路互相連結，已經成為這個時代的趨勢，甚至當我們想要執行某項處理作業時，也可以透過呼叫其他電腦上的功能來完成。比方說，我們可以透過所連線的網頁伺服器進行呼叫，藉以讀寫資料，這麼一來就能使用網際網路上某個資料伺服器的功能了。

此種服務型態就是透過網路來使用所需的服務，而提供該服務的供應商或服務就稱之為「ASP (Application Service Provider，應用服務供應商)」，現在這樣的服務類型也被視為雲端運算技術的一種應用型態，亦有人稱呼它們為「Saas(軟體即服務)」或「Paas(平台即服務)」。

● REST API 是一項需要使用 HTTP 的服務

透過網路來呼叫 ASP 或 SaaS/PaaS 等功能時，最常使用到的就是 HTTP，HTTP 原本就是為了網頁存取而制定的一種通訊協定，它的優點就是編寫容易、方便好用，很容易透過網路呼叫所需要的功能，因此被廣泛地使用。HTTP 包含請求 (Request) 和回應 (Response) 這兩種基本思維，在送出回應前先加上必要的參數後，接著再將結果當作回應訊息傳送回來，回應的格式則有 XML 和 JSON 等。此種利用 HTTP 並透過網路進行功能呼叫，然後再以 XML 或 JSON 的格式將回應結果送回的架構風格就稱為「REST API(REpresontational State Transfer Application Programming Interface」。REST 和 API 這些程式語言原本是有嚴密的定義，不過最近卻有愈來愈多人稱呼這種呼叫方式為「REST API」。

REST API 的應用除了有 ASP、Saas/Paas 外，還包括了像是 Twitter 或是 Facebook 等社群網站，比方說，當我們要透過某個程式來讀取社群網站中某個使用者的資料時，這時候就必須用到 REST API 了。

補充 若要表明 API 確實符合 REST 所定義的設計風格時，務必將「REST API」表示為「RESTful API」。

看圖學觀念！

透過網路進行功能呼叫

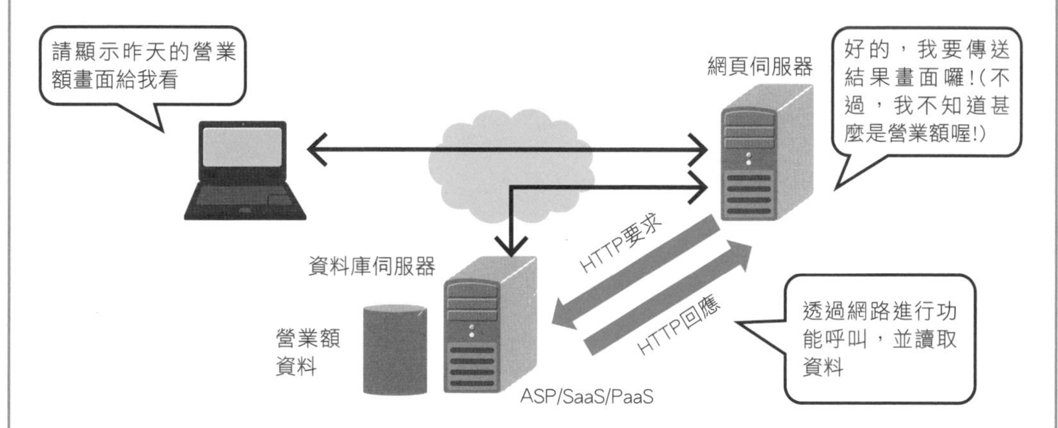

甚麼是「REST API」？

就一般的使用習慣來說～

> 利用 HTTP 並透過網路進行功能呼叫，然後再以 XML 或 JSON 的格式將回應結果送回的架構風格就稱為「REST API」

就嚴密的定義來說～

> ・是一種不斷改變狀態的通訊協定
> ・對於資訊的操作方式給予完整的定義
> ・只要運用通用的語法就能辨識各種類型的資源
> ・可在資料中加入超媒體等形式
>
> 符合以上特性的 API，即可稱為「REST API」

社群網站大多會公開 REST API

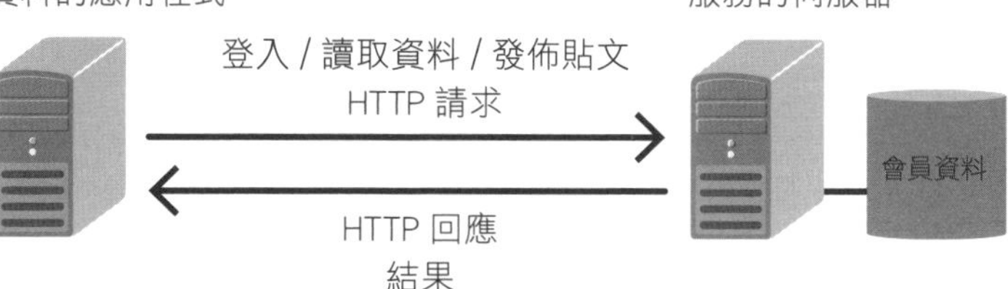

12 HTML 的文件結構及 XML

● HTML 概述

HTML(HyperText Markup Language: 超文件標示語言)是一種適合用來描述網頁文件的語言，它必須使用一種稱之為「標籤(Tag)」的標記，以表示文字檔「所記載的資料內容」，這一類的語言一般稱之為「標記語言(Markup Language)」。標籤應以 <元素名稱> 的格式撰寫，若需要寫上結束，必須以 <元素名稱> ~ <元素名稱> 的格式標籤。也可以將一個標籤撰寫在另一個標籤中，形成巢狀結構。具代表性的標籤有 <title> (用來設定網頁標題)、<h1>(標題字最大)、<img>(顯示圖片)、<a>(連結)等，這些指令在撰寫時可以互相搭配，並且透過瀏覽器編輯為 HTML 檔，顯示在網頁中。

HTML 的撰寫規則比較鬆散，另外還有一種語言和 HTML 極為類似，那就是 XML(Extensible Markup Language)，它制訂了一些用來定義標記語言的通用規則，不過撰寫規則卻更嚴密。又，我們稱根據 XML 的規定所定義出來的 HTML 為「XHTML」。

● HTML 和 HTTP 兩者間的關係

如大多數人所知，網頁裡面通常會同時夾雜文字和圖片，要讓這些內容顯示在網頁上，必須先在 HTML 檔中寫入用來「顯示圖片」的 <img> 標籤指令，這時候除了 HTML 檔外，別忘了還有圖檔喔！換句話說，編寫時必須同時準備 HTML 檔和圖檔這兩種檔案。

若要將這兩種檔案放在網業伺服器裡，並且顯示在網頁瀏覽器上，首先必須進入網頁瀏覽器，然後再利用 HTTP 送出請求，以讀取 1 個 HTML 檔；接著，再將內容加以分析，即可瞭解指令的內容是否包含了顯示圖片，然後透過 HTTP 請求讀出 1 個所指定的圖檔，這麼一來，圖片就會被嵌入並顯示在正確的位置。HTTP 請求每次只能擷取 1 項元素，因此若要讀取多個顯示內容，就必須反覆執行處理作業。

看圖學觀念！

HTML 的格式

HTML 檔的基本結構就是將 HTML 標籤嵌入文字 (Text) 中。

```
<!DOCTYPE html>
<html>
<head>
<title>Page title</title>
</head>
<body>
<h1>一看就懂，網路基礎概念</h1>
<p>穩紮穩打，實務知識一次打包。</p>
<p>網路新手必讀</p>
</body>
</html>
```

標籤包含起始標籤和結束標籤等兩種，其中，又依元素名稱的類型不同，適用的形式共有以下兩種。

< 元素名稱 >

< 元素名稱 >~< 元素名稱 >

主要標籤

元素名稱（標簽名稱）	意義
html	用來表示 HTML 起始與結束
head	用來宣告標頭（儲存各種資訊）
title	用來標示網頁標題
body	用來表示網頁的主體部分（儲存所要顯示的內容）
h1	大標題
img	顯示圖片

元素名稱（標簽名稱）	意義
a	超連結
br	換行
div	區塊
form	表單
table	表格

如何叫出插入圖片的網頁

⑥圖片 1.jpg 已嵌入指定位置

Index.html

```
:
<h1>歡迎來到〇×購物網</h1>

<img src=" 圖片1.jpg" >
:
```

圖片 1.jpg

13 字元碼

字元資料與字元碼

從現有的機制來看，目前電腦所能夠處理的資料，僅限於數值，儘管如此，平常我們仍能透過電腦讀寫郵件，或是利用文書編輯軟體來編輯 / 儲存文件，那是因為**電腦早已預先定義好數值和字元相對應的字元碼了**。換句話說，當系統在進行通訊處理作業，或是電腦內部在進行文書處理或儲存作業時，會將文字資訊以集合的方式當作數值來處理，這一類可對應為文字的數值就稱為「字元碼」。

以半形顯示的英文字母、數字或符號等在轉換為字元碼時，相當於 1 個位元的數值 (0~127)，其中也包含用來表示換行或刪除的控制字元，這些字元是電腦當初推出的時候就已經存在，作為基本字元碼以供對應，一般通稱為「ASCII 碼」。

中文字元碼

可顯示一位元的正常數值範圍只有 0~255 而已，勢必不敷使用，有不少國家使用英文以外的語言，這些地區的電腦也需要處理一些特殊文字，這一類的文字通常在轉換為字元碼時會被當作 2 個以上的位元，因此這一類字元就稱之為「**多位元組字元**」。

中文的字元碼可分為好幾種不同的類型，最具代表性的有 Big5、UTF-8...，在執行通訊或檔案交換時，最重要的就是傳送端和接收端必須使用相同的字元碼，否則，就會出現像密碼一樣的「亂碼」，完全讀不到內容。

使用一個位元組來表示的字元碼

Network ➡ | 4E | 65 | 74 | 77 | 6F | 72 | 6B |

	16進 下位	0	1	2	3	4	5	6	7	8	9	A	B	C	D	E	F
16進 上位	10 進	+0	+1	+2	+3	+4	+5	+6	+7	+8	+9	+10	+11	+12	+13	+14	+15
0	0	NUL	SOH	STX	ETX	EOT	ENQ	ACK	BEL	BS	HT	LF	VT	FF	CR	SO	SI
1	16	DLE	DC1	DC2	DC3	DC4	NAK	SYN	ETB	CAN	EM	SUB	ESC	FS	GS	RS	US
2	32		!	"	#	$	%	&	'	(	)	*	+	,	-	.	/
3	48	0	1	2	3	4	5	6	7	8	9	:	;	<	=	>	?
4	64	@	A	B	C	D	E	F	G	H	I	J	K	L	M	N	O
5	80	P	Q	R	S	T	U	V	W	X	Y	Z	[	＼	]	^	_
6	96	`	a	b	c	d	e	f	g	h	i	j	k	l	m	n	o
7	112	p	q	r	s	t	u	v	w	x	y	z	{	|	}	~	DEL
8	128																
9	144																
A	160		。	「	」	、	・										

・填滿灰色的欄位代表控制字元(BS=1退位、LF=換行等)

COLUMN

電腦藉由哪種方式來表示資訊？

相信有很多讀者都聽過「電腦的世界只有 0 和 1」，然而，我們平常所看到的電腦不但可以處理文字，還包含了照片、影片、音樂、語音等，會不會是過去舊型的電腦只能處理 0 和 1 呢？不對，大錯特錯，不管是過去還是現今，不變的一點就是，電腦內部系統完全是由 0 和 1 這兩個數字所組成的。

這些 0 和 1 的數字組合，就是透過 0= 無電流通過狀態，1= 電流通過狀態等形式來對應各種實體上的現象。那麼，如果我們要將纜線增加為 4 條時，該怎麼做呢？每一條纜線雖然只能用 0 和 1 來表示，不過若是將 4 條相同的纜線並聯聯接時，0 和 1 的組合將會有 16 種，換句話說，用 0 和 1 來表示同時使用 4 條纜線時，可以產生 16 種不同的組合，對於電腦來說，這些組合就像是數字一樣。

此種 0 和 1 的排列組合可以直接對應為二進制的數字表示方式，8 條纜線可以產生 256 種組合，這就相當於數字 0~255，同時它也是平常我們較不熟悉的二進制表示法，這是電腦在處理數字時的基本思維，其中二進制扮演了極為重要的角色。

接下來，電腦究竟是如何處理文字、照片、影片、語音等訊息的呢？答案就是「將這些資訊轉換為數字後再加以處理」。不管是任何訊息，只要可以用數字來表示，電腦就有能力處理。以照片來說，電腦會將一張照片區分為細小的網格 (mesh)，接著再根據紅、綠、藍等不同的亮度值，來表示每個網格的顏色，而影片則是將照片視為多格動畫的方式來處理，至於語音或聲音呢，只要將訊號波形的高度轉換為數值，並集中於某個週期，即可將聲音轉換為數字資料囉！

Chapter

6

網路安全性

要安全地使用網路，最不可或缺的就是各種安全性機制。本章將介紹各種維護安全必備的概念、技術及防護策略，其中會介紹目前最受到矚目的「標靶型攻擊型態」。

01 資安三大要素

網路或系統負責處理資料，因此必須特別注意其安全性，維護資訊安全這一項工作就稱之為「資訊安全(或簡稱為「資安」)。「資訊安全」是由機密性(Confidentiality)、完整性(Integrity)以及可用性(Availability)等三大要素所構成，三者必須維持均衡的狀態。

「機密性」就是只有擁有權限的使用者才能取用資訊，不得洩漏予其他第三人，比方說，網路上所發生的資料竊取行為，有可能是因為電腦主機或USB記憶體遭竊，或是不當存取，導致資訊外洩，並對前述之特性造成威脅(危害)。而「完整性」指的是維護資訊原本內容的一種特性，對於一份資料來說，即使機密性得到保障，只要內容不正確，它就失去了原本應有的價值。網路上常發生在通訊過程中資料遭到竄改，或是電腦因不當存取以致資料被竄改，還有像是硬碟故障造成資料遺失，或是因為人為操作錯誤或誤刪除，這些問題皆有可能對於「完整性」的特性造成威脅。

最後一項是「可用性」，它的特性就是妥善維護資訊，以達到隨時可取用狀態。要維護機密性和安全性，並不意味著資料必須被安置在保險箱的最深處，資訊應適時適當地被充分運用，唯有如此才能創造資訊的核心價值。比方說，像是DoS(阻斷服務)攻擊就是在網路上密集地進行資料存取，以達到阻斷服務的目標，以及電腦發生系統故障或停電等問題，都會對「完整性」造成一定的威脅。

● 威脅性、脆弱性、風險、管理對策

資訊工作人員必須竭盡所能維護上述的資安三大要素，不過事實上危害資安的各種「風險」仍舊存在，風險高低取決於「威脅性」及「脆弱性」的程度。「威脅性」就是有可能造成危害的要因，「脆弱性」則是和威脅性相對應的內在弱點，當威脅性直接影響到脆弱性時，這時候受到危害的可能性就是「風險」，為了降低風險所採取的具體對策即為「管理對策」。

看圖學觀念！

資訊安全三大要素

機密性 (Confidentiality)	只有擁有權限的使用者才能取用資訊
完整性 (Integrity)	維護資訊原本內容
可用性 (Availability)	妥善維護資訊，以達到隨時可取用狀態

我們常稱資訊安全為「CIA」，就是取這 3 個英文字的字首而來。

威脅性、脆弱性、風險與管理對策之間的關係

管理對策
安裝監視攝影機，以管制駭客
→降低威脅程度，同時減少風險

脆弱性
有可能被破解的金鑰

面臨駭客入侵的威脅時，金鑰被破解的可能性提高，造成資料的「脆弱性」，此時資訊安全將出現「風險」。

02 加密及電子證書

網際網路是由多個網路互聯所架構而成的，因此要保障「通訊過程中不被其他第三人所窺伺」可說是難上加難，因此通常我們會將重要的資訊進行加密處理，這麼一來，即使被他人窺伺也不會受到影響。**為資料加密（加密）或是將加密後的資料復原（解密）時，必須使用「加密演算法」（規定加密演算時的步驟），以及「加密金鑰」**。加密金鑰其實和密碼很類似，必須妥善加以管理。

● 共用金鑰與公開金鑰

在各種加密方法中，**有一種是資料加密和解密使用同一組金鑰，稱為「共用金鑰加密」**，共用金鑰加密的特色就在於所需要的計算量較少。可是問題來了，當我們將加密後的資料傳送給對方後，該怎麼做才能將解密用的金鑰傳送過去呢？因為網際網路不夠安全，所以我們才將資料加密，這時候如果又透過網際網路來傳送解密金鑰，不是毫無意義嗎？解決這個問題的關鍵就在於**公開金鑰加密**。

公開金鑰加密必須同時使用兩把成對的金鑰，也就是「公開金鑰」和「祕密金鑰」。公開金鑰是一把可公開的金鑰，供加密時使用，通訊端必須使用一對金鑰中的另一把祕密金鑰，才能進行解密，當傳送端要將加密後的資料傳送給接收端時，必須先詢問接收端所使用的公開金鑰為何，然後再利用這把金鑰為資料加密並傳送出去，而接收端則是利用手上的祕密金鑰對資料解密，這麼一來，只要利用共用金鑰加密法來傳送共用金鑰的資料，即可解決前述的共用金鑰暴露於網際網路中的問題。

● 電子證書

公開金鑰有可能受到第三人惡意攻擊或某些錯誤，而被他人所竄改，導致接收端無法為加密後的資料解密，但第三人卻能解密的情形。為了防範此點，有一種做法是將本人的郵件帳號和公開金鑰互相對應，然後再由值得信任的機構進行**數位簽章（防竄改驗證措施）**，這就是所謂的「**電子證書**」，使用電子證書就能取得對方正確的公開金鑰。

補充 數位簽章就是利用自己的祕密金鑰，對文件的摘要(Digest)值（根據文件內容所計算出來的數值，一旦被他人竄改，數值將出現明顯差異）進行加密，有助於檢查資料是否遭竄改或是自行確認資料。

看圖學觀念！

共用金鑰加密及公開金鑰加密

共用金鑰加密

明文

網際網路世界是由許多網路互相連結所架構而成，傳送管道是公開的，誰也無法保證資料不被他人窺伺，所以重要資料必須加密處理，這麼一來即使有心人刻意窺探也不受影響。

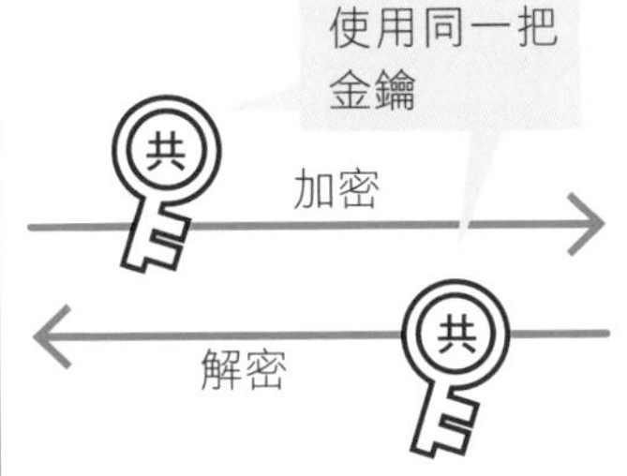

密文

lasdjfo;ashofpu0weuonasovbha9p[sfh
kjabsvmabspiduvy[xdvhlabnsdpvays9
-[g8ya;sfblkzsdgxco8a6ysfgoash.,vbzl
kxcvyp9asdf7ua0[su[oz;sdhfP'asgvu-
0au-0)&-07_)uoshfk,bj,mcxgvb0as9uf
0p[asyhd;oflasldfhlkhsdklfbhsa9dify

公開金鑰加密

使用其他金鑰（金鑰必須成對）

公開金鑰（可告知他人的）

明文

網際網路世界是由許多網路互相連結所架構而成，傳送管道是公開的，誰也無法保證資料不被他人窺伺，所以重要資料必須加密處理，這麼一來即使有心人刻意窺探也不受影響。

密文

lasdjfo;ashofpu0weuonasovbha9p[sfh
kjabsvmabspiduvy[xdvhlabnsdpvays9
-[g8ya;sfblkzsdgxco8a6ysfgoash.,vbzl
kxcvyp9asdf7ua0[su[oz;sdhfP'asgvu-
0au-0)&-07_)uoshfk,bj,mcxgvb0as9uf
0p[asyhd;oflasldfhlkhsdklfbhsa9dify

假設 A 先生想送一份加密資料給 B 先生，A 先生必須先取得 B 先生的公開金鑰，然後再利用那把金鑰將原始資料加密後傳送出去，這時候 B 先生只要利用祕密金鑰就能將資料解密。

電子證書示意圖

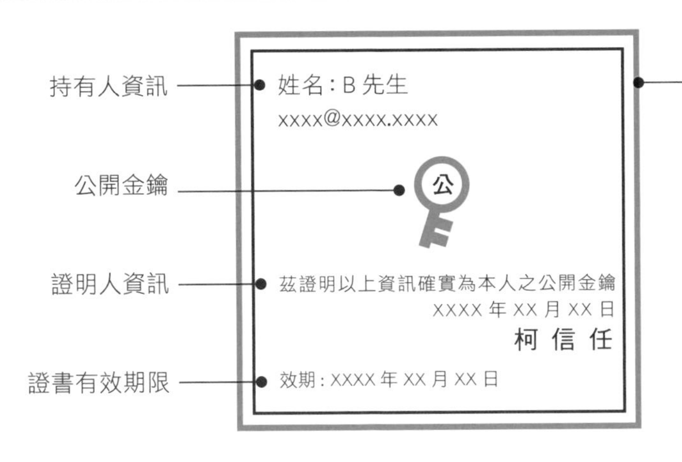

整張證書以膠膜護貝（數位簽章），避免竄改

03 防範非法入侵

甚麼是「非法入侵」

「非法入侵」就是以系統本身的脆弱性及設定漏洞作為攻擊標的，無論是否已經正式取得存取權，擅自潛入公司內部網路或電腦。待潛入網路後，即透過各種手段，任意竄改系統、偷窺機密資料、刪除或改寫各種資料、擅自寄送惡意郵件，或是假冒他人名義發動 Dos(阻斷服務) 攻擊等。這一類的行為除了造成自己受害外，還會對他人造成困擾。網際網路和公用網路的存取點都是進入公司內部網路或電腦的路徑之一，其他，還可以透過實際進入辦公室連線到網路，或是非法破解無線區域網路等手法達到入侵的目的，因此防範對策將依入侵對象或手法不同，而出現些微差異。

面對非法入侵的策略

非法入侵當然是要防備的！我們不妨把它想像成住家遭到歹徒入侵，家是最安全的地方，通常我們會將健保卡、信用卡放在家裡，或是在家裡貼上家人或是男女朋友的照片。機密文件或個人重要資料也會放在家裡的某個角落，這麼安全的一個空間，一旦被人惡意入侵，其所產生的危害當然非常嚴重。

因此，為了杜絕非法入侵必須討論各種對策，並善用方法切實執行，例如「家裡必須添購一個堅固的保險箱，作為收納家中重要物品之用」，這樣的思維和企業網路或電腦其實是一樣的，為了防範外部非法入侵，除了應該執行各種對策外，內部系統也必須有萬全的因應措施，再來就是提升員工的安全意識。

看圖學觀念！

非法入侵就是因為突破脆弱性和漏洞後才不幸發生

幾種非法入侵的手段

- 透過網際網路等網路
- 實際進入辦公室搞破壞
- 破解無線區域網路 等

入侵毫無防備的住家

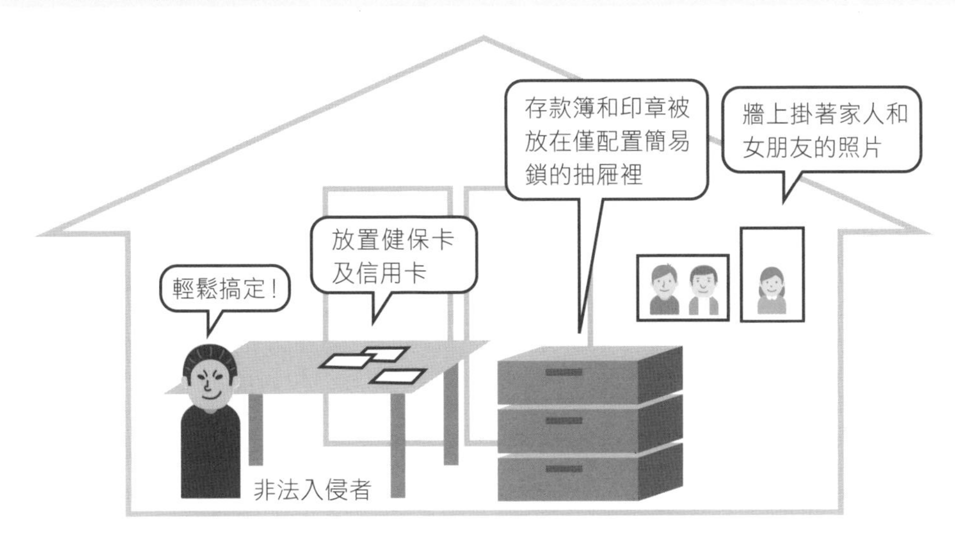

04 惡意程式

危害電腦或網路設備的軟體一般我們統稱為「惡意程式」或「惡意軟體」，主要可分為以下幾種，近幾年有愈來愈多的惡意軟體同時具有多種功能，因此也愈來愈難以清楚區分。

(1) 病毒 (Virus)：透過郵件、USB 隨身碟、或是藉由網頁存取的方式散播病毒。病毒本身具有自行複製繁殖能力，病毒的傳染途徑會先經由檔案，然後再擴散到其他電腦，中毒的類型包含安裝後門程式，便於遠端遙控中毒的電腦，或是綁架電腦、窺視他人檔案、擅自連接外部網路、鍵盤側錄以及破壞系統等。

(2) 蠕蟲 (Worm)：有別於病毒的傳播方式，蠕蟲主要是透過網路連線進行散播。它本身具有自行複製繁殖能力，不需要透過檔案，就能自行連接網路，並散播到其他電腦。蠕蟲除了能造成和病毒類似的危害外，它還會寄送垃圾郵件、或是植入其他惡意軟體到中毒的電腦中。

(3) 特洛依木馬程式：通常它會偽裝成某個熱門應用程式，趁機植入對方電腦中，因此它本身並不具備複製繁殖能力。特洛依木馬程式除了能造成和病毒類似的危害外，它還會植入其他惡意軟體到中毒的電腦中。

(4) 間諜軟體：它通常會和某個應用程式一起綁定，在使用者安裝應用程式時，不知不覺就被植入間諜軟體了，間諜軟體並不具備複製繁殖能力，一般將它歸類為特洛依木馬程式的一員，它是一種會對電腦執行不正當監控的惡意程式，間諜軟體所造成的危害有窺視檔案、偷偷傳送鍵盤操作記錄等。

除此之外，還有要求受害者繳納贖金以取回對檔案控制權的勒索軟體 (Ransomware)，以及強迫顯示某些廣告或是偷偷執行間諜監控行為的廣告軟體 (Adware) 等。

惡意程式的形態日新月異，事實上惡意攻擊者和電腦使用者就像在玩貓抓老鼠一樣，要避免受到攻擊，就得多一分提防與小心，詳情請參閱右頁所示之相關資訊。

補充 大部分的惡意程式往往鎖定作業系統或應用程式的漏洞，作為攻擊目標，因此隨時注意更新資訊，並保持最新狀態尤其重要，當然如果您所使用的作業系統已終止更新服務則另當別論。

看圖學觀念！

惡意程式的主要類型（惡意軟體）

名稱	傳播路徑	自行複製繁殖	傳播給其他檔案	主要危害
病毒	郵件、媒體、網頁存取等	是	是	偷裝後門程式、綁架電腦、窺視他人檔案、擅自連接外部網路、鍵盤側錄以及破壞系統等
蠕蟲	網路連線等方式	是	是	系統當機、窺視他人檔案、寄送垃圾郵件、綁架電腦、偷嵌入惡意程式等
特洛伊木馬病毒	應用程式、郵件、媒體、網頁存取等	否	-	偷裝後門程式、綁架電腦、窺視他人檔案、擅自連接外部網路、鍵盤側錄以及破壞系統等
間諜軟體	應用程式、郵件、媒體、網頁存取等	否	-	窺視他人檔案、鍵盤側錄等

病毒和蠕蟲的差別

病毒

- 以檔案作為傳播媒介
- 會自己複製繁殖並擴大感染範圍

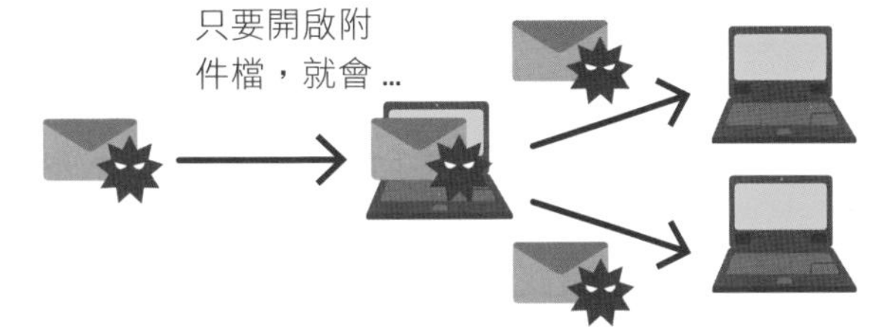

蠕蟲

- 不需要媒介，即可自行傳播
- 會自己複製繁殖並擴大感染範圍

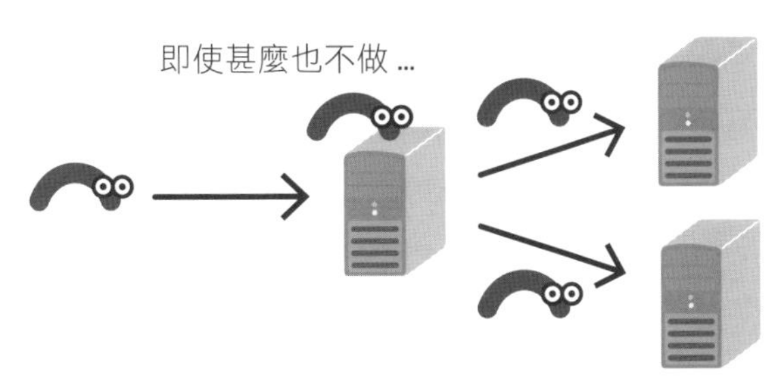

避免遭到惡意程式侵襲的七大原則

不開啟來自陌生寄件人的郵件
不開啟不明的附件檔
不隨意存取奇怪的網站
不使用來路不明的 USB 隨身碟或 CD-ROM/DVD 光碟
定期更新作業系統或應用程式
安裝反毒軟體並定期更新
訂定安全防毒守則

05 防火牆與 DMZ

無論是辦公室或家庭，**當它們透過任何類型的網路連線上網時，都需要防火牆提供最低限度的安全防護**。防火牆可分為兩種型態，一種是獨立專用的裝置，另一種則是內建於路由器等裝置中，並扮演防護的功能。一般來說，中大型的網路大多使用專用裝置，而小型網路或家用網路則大多運用路由器內建的防火牆，提供安全防護。

防火牆的動作機制

防火牆的動作可分為好幾種不同的類型，本節主要將介紹其中最廣為採用的一型 - **封包過濾式防火牆**(Packet Filter)。封包過濾式防火牆設置於網際網路和內部網路交界處，**根據封包的 IP 位址和通訊埠編號作為許可 / 拒絕通訊的條件**。若以 OSI 參考模型來說，就是依據網路層 (IP) 和傳輸層 (TCP、UDP) 的條件來執行通訊控制，通常從內部網路連線上網時，限制條件相對寬鬆，反之，若從外部的網際網路要連線到內部網路時，則必須嚴格控管才能避免外部攻擊與入侵。隨時以固定的條件來管制封包是否允許 / 拒絕封包進入防火牆的方式，就稱為「**靜態封包過濾**」，相對地，若管制條件隨時根據當時的通訊狀態而改變，則稱之為「**動態封包過濾**」。其中，動態封包過濾方式會檢查封包的動作是否符合 TCP 協定的規範，這樣的動作就叫作「**狀態封包檢測** (stateful packet inspection，SPI)」，支援此一技術的產品具有更高的安全性。

甚麼是「DMZ (隔離區)」？

有些防火牆產品內建 **DMZ(隔離區)** 功能，DMZ 這一類型的網路就是讓設備處於「完全暴露於網際網路」以及「受到如內部網路般嚴密保護」兩者的中間狀態。**DMZ 會設置一個可向網頁伺服器或郵件伺服器等外部網路公開的伺服器**，並在某個程度的防護措施下，提供網際網路使用者存取資料。

看圖學觀念！

防火牆連線示意圖

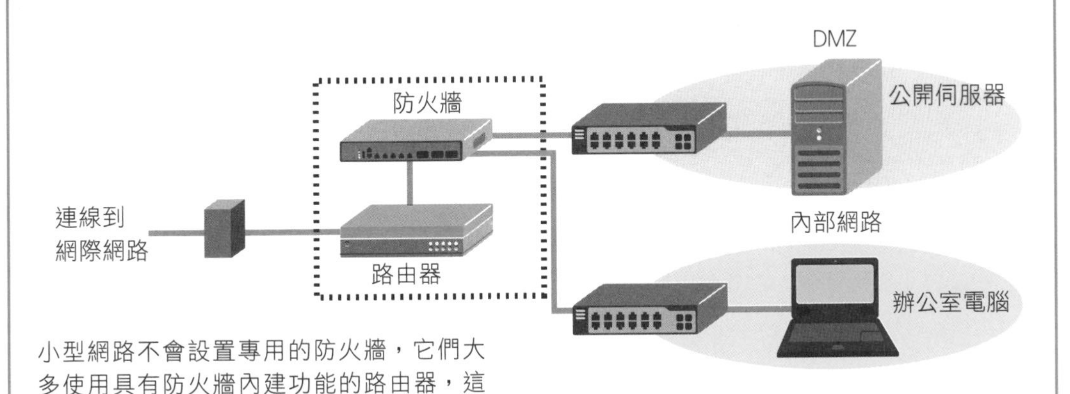

小型網路不會設置專用的防火牆，它們大多使用具有防火牆內建功能的路由器，這一類的路由器不一定支援 DMZ 功能。

防火牆的動作機制（封包過濾式）

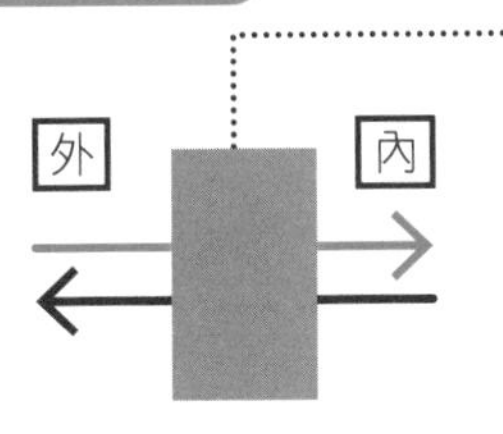

過濾條件範例

[允許通過]

方向	：外→內	方向	：內→外
通訊協定	：TCP	通訊協定	：TCP
傳送端 IP	：全部	傳送端 IP	：全部
傳送端通訊埠	：80(HTTP)	傳送端通訊埠	：全部
接收端 IP	：全部	接收端 IP	：全部
接收端通訊埠	：全部	接收端通訊埠	：80(HTTP)

其他情況一律拒絕通過

DMZ 允許網際網路連線

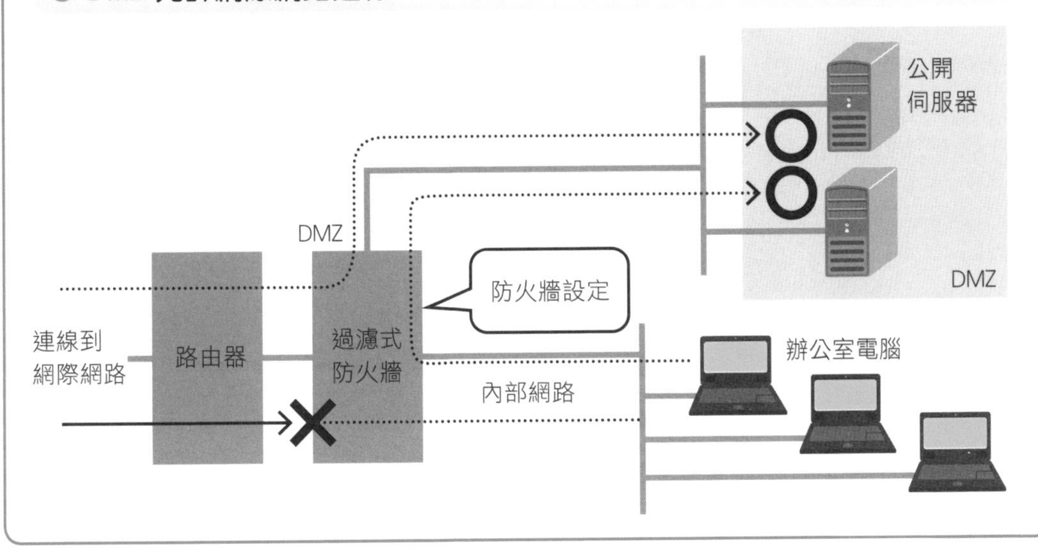

06 病毒防護 (Anti-virus) 與內容過濾 (Contents filtering)

病毒防護

「**病毒防護 (Anti-virus)」就是針對所接收到的郵件附件是否含有病毒或間諜軟體等進行偵測並予以排除的一種服務。為達到前述目的而存在的軟體，亦可稱為「疫苗軟體」或是「病毒對策軟體」**。目前有好幾種不同的做法，有些在郵件伺服器設置病毒防護功能，有些則是電腦，當然也有的是兩者皆設有防毒功能。若是在郵件伺服器安裝防毒功能，通常使用者不需要作任何特殊的設定，當伺服器檢測到有郵件中毒了，就會將該郵件儲存到特定的信件匣，並等待網頁郵件系統進行確認。若是要讓電腦具備病毒防護 (防毒) 功能，您必須為電腦安裝所謂的安全軟體。**目前常用的安全軟體除了防毒功能外，通常還搭載了防火牆或是內容過濾等功能**，我們也可以同時啟動郵件伺服器和電腦這兩端的防毒功能，這麼一來就能在偵測時針對不同類型的病毒或是精準度一網打盡，讓安全性大大提高。

防毒產品在偵測惡意程式時所使用的方法大致可分為幾種，一種是特徵偵測（Signature-based）法，這種方法會將新發現的病毒加以分析，並根據其特徵編成病毒碼（pattern file）加入資料庫中，接著再將所發現的病毒和病毒碼互相比對；另一種則是啟發式偵測技術（HeuristicDetection）法，誘使病毒運作，並偵測其在運行過程中是否有可疑的動作行為，通常這兩種方法會互相搭配使用。

內容過濾 (Contents filtering)

「**內容過濾 (Contents filtering)」就是一種根據指定的條件，限制網頁內容瀏覽行為的功能**。此一功能經常被用來禁止存取和公司業務無關的網站，或是避免兒童瀏覽內容不宜的網站，以建構健全的家庭上網環境等。「內容過濾 (Contents filtering)」所採用的方式大致可分為 2 種，第一種是**網址 (URL) 過濾方式**，另一種則是**關鍵字過濾方式**，若以網址作為過濾條件時，使用者必須先在系統中指定好允許瀏覽的「白名單」（White List）網站，以及禁止存取的「黑名單」（Black List）網站。

補充 企業在使用「內容過濾 (Contents filtering)」功能時，大多會以整個網路作為限制瀏覽的標的，這時候就需要以 HTTP Proxy 作為過濾的基礎。

看圖學觀念！

● 最理想的做法就是伺服器和電腦同時具有防毒功能

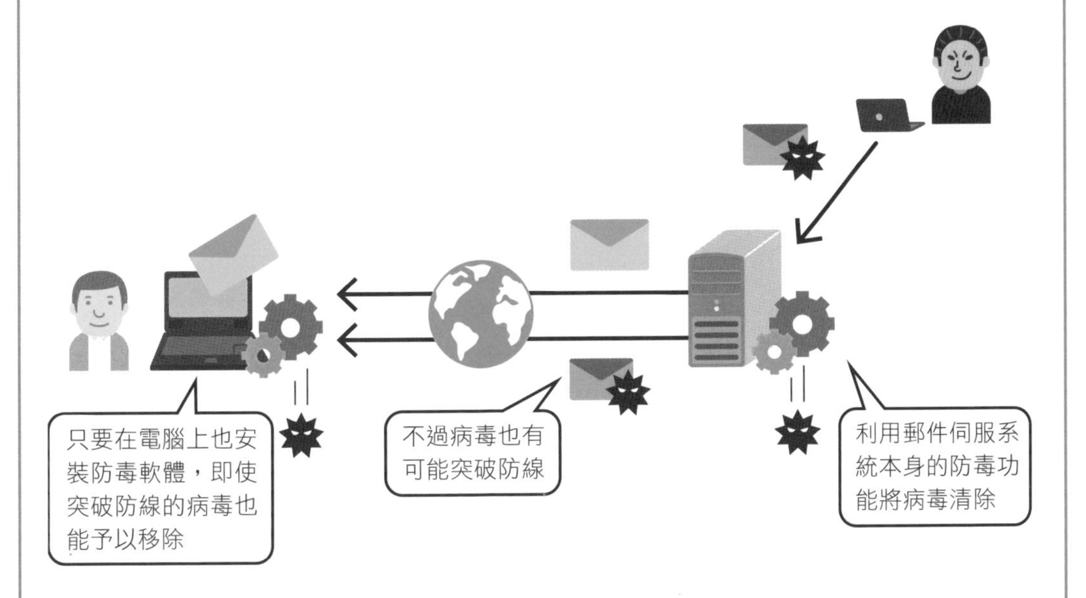

● 同一台電腦不能安裝 2 種以上的防毒軟體

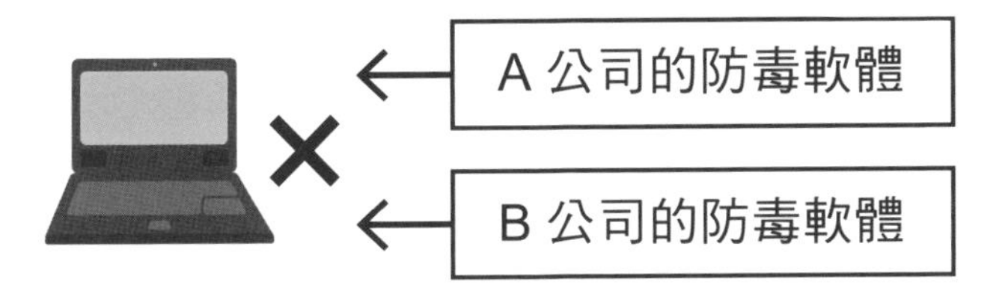

● 內容過濾所採用的主要方式

網址 (URL) 過濾

只要該網站與指定的網址 (URL) 一致，即禁止存取

關鍵字過濾

只要網頁內容中包含了指定的關鍵字，即禁止存取

07 IDS 和 IPS

對於公司網路來說，它們需求的是既能預防外部入侵與攻擊網路，同時又能避免內部資訊外洩的防火牆。不過很可惜防火牆沒辦法包山包海，因此一般大多會搭配數款功能不同的設備，以提供更嚴密的防護，像 IDS (Intrusion Detection System: 入侵偵測系統) 和 IPS (Intrusion Prevention System: 入侵防禦系統) 可說是一種設備或是服務，它們可以用來預防不正常的外部入侵行為、或是針對和平常不同的異常通訊 (通訊量、通訊類型或惡意行為等)、內部資訊外洩等進行偵測並提出防護對策。**IDS 一旦檢測到異常行為時，就會以電子郵件的方式通報系統管理者**，而 **IPS 除了會發電子郵件通報系統管理者外，它還會在第一時間將異常連線斷線**。乍看之下，IPS 這一類的裝置似乎更自動化、更先進，不過異常行為的偵測精確度要達到 100%，確實不易，因此必須根據用途或場合選擇適合的設備。

IDS 和 IPS 偵測異常行為的方式包含了「**利用特徵偵測 (Signature-based) (又稱 : 不當行為偵測) 發現不當行為**」和「**可察覺異常狀態的異常偵測 (Anomaly-based Detection)**」等兩種。前者可和註冊過的攻擊類型加以比對，類似度較高的事件將被視為異常，系統將採取行動阻止，因此前者必須經常更新並註冊新的攻擊類型，否則就無法偵測出未知型態的入侵，這也是這種方式的弱點所在。相對來說，後者不需要註冊攻擊類型，也能偵測出未知的攻擊行為，不過一旦使用者出現異於平常的使用行為時，恐將造成系統在偵測時誤判，而近來的網路安全產品也不乏集結這兩種方式者。

● 和防火牆有何不同？

防火牆是根據 IP 位址和通訊埠編號，從網路層和傳輸層 (TCP 和 UDP) 著手進行存取限制和安全防護。照理應用程式執行了哪些處理作業和防火牆毫無任何關係，可是**對於 IDS 和 IPS 來說，就連應用層的通訊狀態也涵蓋在它們的偵測範圍內**，因此，即使防火牆未察覺出異常，因而讓入侵者突破防線，IDS 和 IPS 仍能透過偵測的方式，揪出異常行為。

看圖學觀念！

IDS 和 IPS 有何不同？

IDS　入侵偵測系統
Intrusion Detection System

偵測	通報

IPS　入侵防禦系統
Intrusion Prevention System

偵測	通報
防禦	

若要解決誤判這個問題，就得讓系統採取自動防禦，這實在是兩難

偵測方式大致可分為 2 種

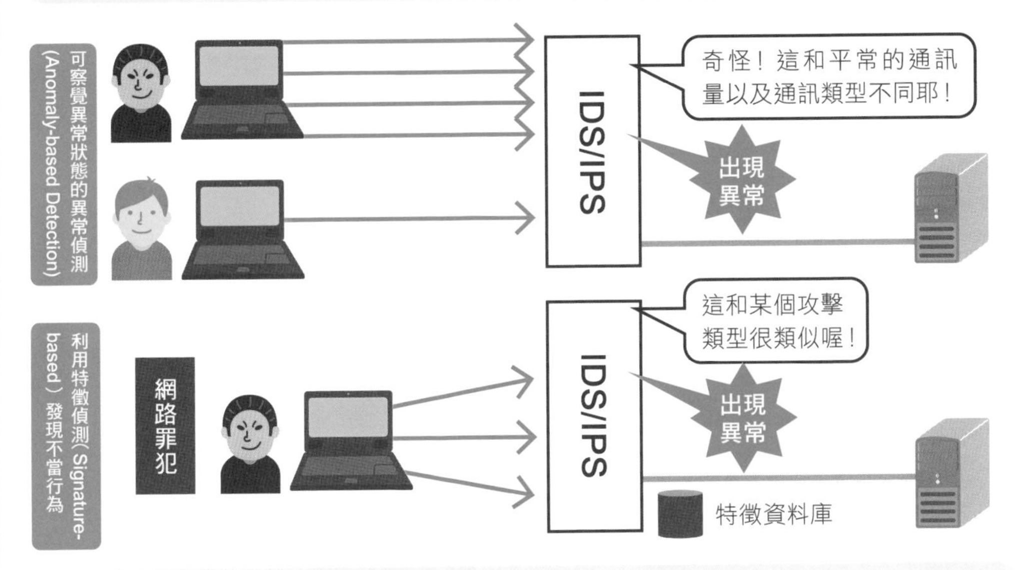

IDS/IPS 和防火牆的防禦範圍各有不同

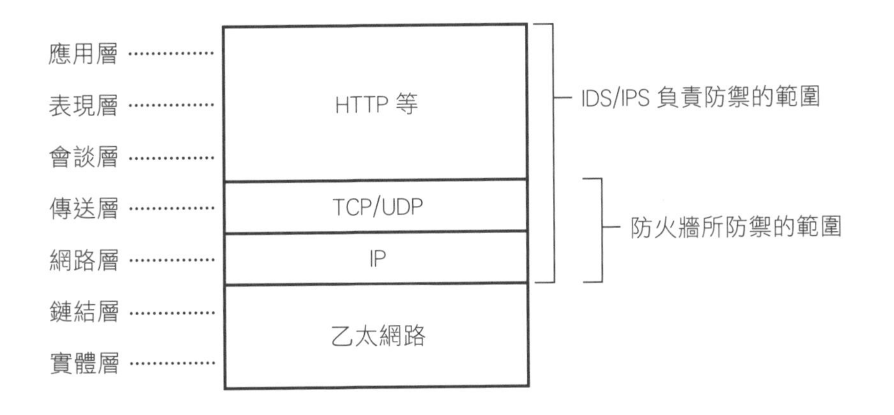

08 UTM 及新世代防火牆

UTM 提供整合性安全功能

提高網路安全性的構成要素包含好幾項，對於各自獨立的設備而言，要一一滿足這些要素可得大費周章，尤其對於小型網路來說，通常必須考慮到預算、管理人力等因素，往往因此超過安全容許範圍。這時候，只要使用一種稱為 UTM(Unified Threat Management: 整合式威脅管理) 的設備，就能解決前述的問題。

UTM 是一台集結防火牆、防毒、內容過濾、IPS 及其他功能於一身的設備，整合網路資安所需的各種功能，只要 UTM 一機就能搞定。相較於導入單一功能的設備，UTM 的優點在於成本更低廉，可大幅減少管理維護資源。不過，若是從網路效能的觀點來看，UTM 可能無法滿足所有的使用環境，這時候，不妨考慮添購單一功能的設備，這對於網路效能和機動性等層面具有加分效果。

新世代防火牆

以目前的應用程式來看，它們不使用專用的通訊埠，反而使用 HTTP 和 Port 80 則有愈來愈多的趨勢，因為像是辦公室這一類網路的限制條件較多，而用來做為網頁存取的 Port 80 通常不會限制使用範疇，這麼一來，傳統的防火牆彷彿就像一隻被拔去威猛大牙的老虎一樣。怎麼說呢？ 因為傳統防火牆的識別條件之一就是通訊埠編號，可是**一旦全部的應用程式都走 Port 80，防火牆就無法辨識是哪個應用程式在進行存取了**，**新世代防火牆**是一個能夠解決這個問題的新型態防火牆，即使所有的應用程式都走 Port 80，它也能辨識這是來自於哪個應用程式，並執行必要的過濾動作。除此之外，它還可以將已經被 HTTPS 和 SMTPS 加密的資料解密，然後在資料中加入檢查功能，它和 UTM 在功能上極為類似，UTM 的走向其實就代表了新世代防火牆未來的發展趨勢。

看圖學觀念！

UTM 將各種安全功能整合為一

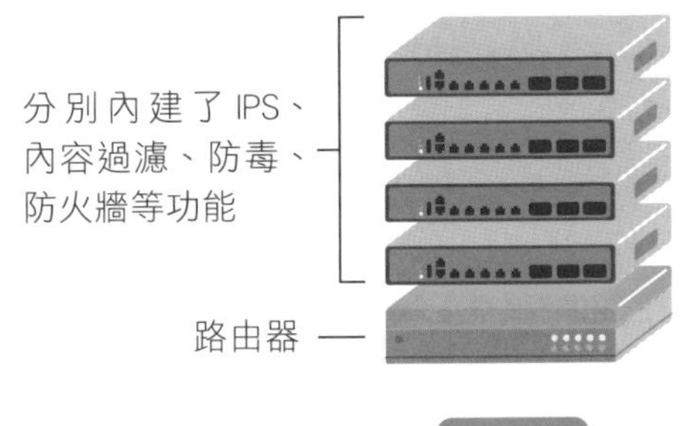

UTM
(Unified Threat Management:
整合式威脅管理）

優點

效能高、機動性高

缺點

成本低、減少
管理資源耗損

新世代防火牆動作示意圖

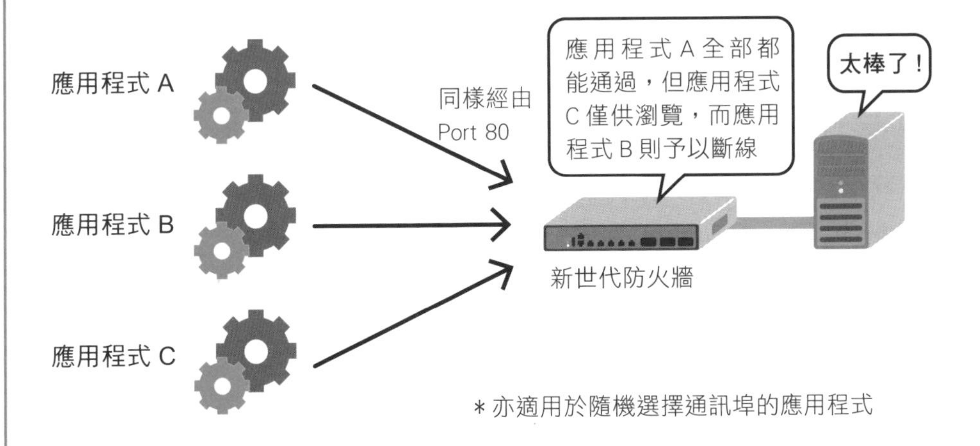

＊亦適用於隨機選擇通訊埠的應用程式

新世代防火牆和 UTM 的差異

	適用網路	辨識應用程式
新世代防火牆	中 ~ 大型	能
UTM	小型	不能

09 社交工程 (Social Engineering)

甚麼是「社交工程 (Social Engineering)」

對於資安構成重大威脅的行為除了入侵網路或竊取資料外，事實上，負責資訊處理相關人員的所做所為，往往也會對網路安全產生嚴重的侵害，最具代表性的其中一個例子就是社交工程 (Social Engineering)。**所謂「社交工程 (Social Engineering)」指的就是不透過電腦或網路等科技，而是藉由傳統人與人之間的溝通與交談，達到竊取機密資訊的目的。**典型的手法包含「透過電話騙取密碼」等，比方說假裝成上司或顧客，打電話給承辦人，或是反過來，偽裝成管理公司的承辦人打電話給顧客，套問密碼或門禁解鎖密碼等機密資訊，這和所謂的「裝熟」、「猜猜我是誰」的詐騙手法如出一轍，其他像是從背後偷窺他人的電腦畫面或鍵盤，藉以竊取密碼或認證密碼的行為，或是從垃圾桶丟棄的文件中找尋並竊取機密資料的手法同樣可以被歸類為社交工程的一種。

社交工程安全對策

社交工程也就是所謂傳統人與人交流的方式，稍一不注意就有可能令人卸下心防，不過，這絕對是一種不容小覷的威脅，必須採取萬全的因應對策。有一種騙術是**透過電話**來套交情，千萬記得絕對不要在電話或郵件當中告知對方系統密碼或是門禁的解鎖密碼等機密資訊，必須建立一套規則，像是規定應透過當面告知，或是以正式文件等方式提出需求等。對於機密性相對沒那麼高的資訊，不妨採用另外一種比較有效率的方式，那就是只要知道承辦人聯絡電話，重撥電話即可。**還有一種行為就是從背後偷窺畫面**，解決方法之一就是在輸入機密資訊前必須先確認周遭環境，並且用手遮住鍵盤。另外有一種**垃圾桶尋寶**的行為也是值得防範的，除了必須賦予相關人士，以碎紙機處理機密文件的義務外，也可以考慮委託值得信賴的業者，將文件做銷毀等處理，除此之外，還可建立一些規定，像是不以生日或電話號碼做為密碼或認證密碼等。

社交工程利用人性弱點竊取資訊

假冒對象的是真實存在的人物，這種行為是否堪慮？萬一被有心人士看到外流的名單，並冒名頂替的話 ... ?!

社交工程的典型手法

 透過電話

 從背後偷窺機密資訊

 垃圾桶尋寶

解決對策之思考重點

社交工程

①採取防火牆等技術對策或是從門禁管理等設備著手，基本上是無法預防

②針對人類的行為模式制定規則，或是喚起安全意識是絕對不可或缺的

③檢討機密資訊設定方針等，像是不使用容易聯想到的密碼等

10 標靶型攻擊

過去惡意程式大多採用隨機攻擊方式，不限對象、不限攻擊範圍，然而，近年來特定組織鎖定攻擊標的，並鍥而不捨地發動攻擊，也就是所謂的「標靶型攻擊」正急速增加中。「標靶型攻擊」藉由徹底攻擊特定目標，以達到嚴重的危害，它也可以說是一種客製化攻擊，手法和以往截然不同。在標靶型攻擊日益猖獗的背景下，企業紛紛推動因應對策以防止非法入侵，如此一來，懷有惡意的有心人士就更不容易從外部入侵網路，這時候突破重重防護網的方法就是在企業內網建立一個立足點，並以此為基礎非法入侵網路。

如何建立立足點呢？**攻擊者會將惡意程式夾帶在郵件附件中並傳送出去，或是在特定企業存取網站時，藉機植入惡意程式**。以電子郵件來說，攻擊者會藉由非法入侵或是社交工程等手法取得的個人資訊，將看似有業務關係的郵件傳送到企業內部未公開的公務用郵件地址，惡意人士透過「傳送到未公開的公務用郵件地址」或是「內容看起來就像正常的郵件」等簡單的理由夾帶病毒，一旦收件人執行這個附件檔，電腦就會被植入惡意程式，如此就能讓攻擊者藉機建立一個可由外部存取的後門 (Backdoor)，從此以後，攻擊者就能隨心所欲地以該電腦為立足點，發動各種惡意行為。

● 因應對策

要找到標靶型攻擊的因應對策並非易事，用來建立立足點的郵件會偽裝成正常的郵件，讓垃圾郵件過濾器無力攔截，而且惡意程式神通廣大，有辦法躲過防毒軟體的偵測，因此尚未找出有力的解決對策。目前有些雲端系統推出了一種新的服務方式，那就是利用雲端系統中的虛擬機器來偵測附件檔的一舉一動，除此之外，人為執行面也是必須考量的一環，其中最重要的莫過於提高整合性安全對策的防護層級。

補充 標靶型攻擊會利用事先取得的各種資訊，並透過密集的手法發動攻擊，有時系統難以洞悉攻擊的真相，最重要的就是平常提高警覺，並建立安全意識。

看圖學觀念！

● 鎖定標靶鍥而不捨發動攻擊正逐年增加中

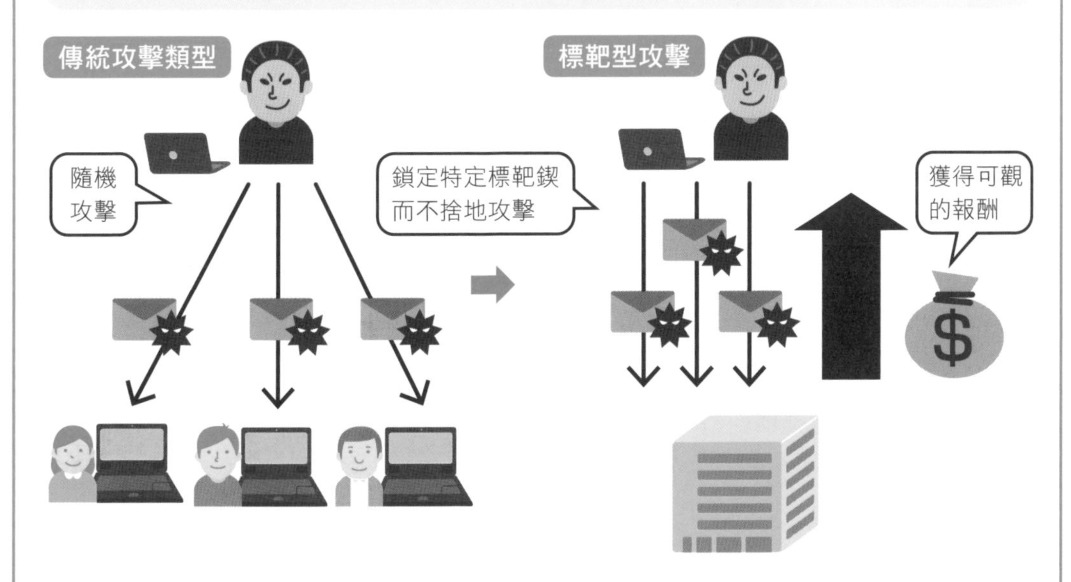

● 攻擊示意圖

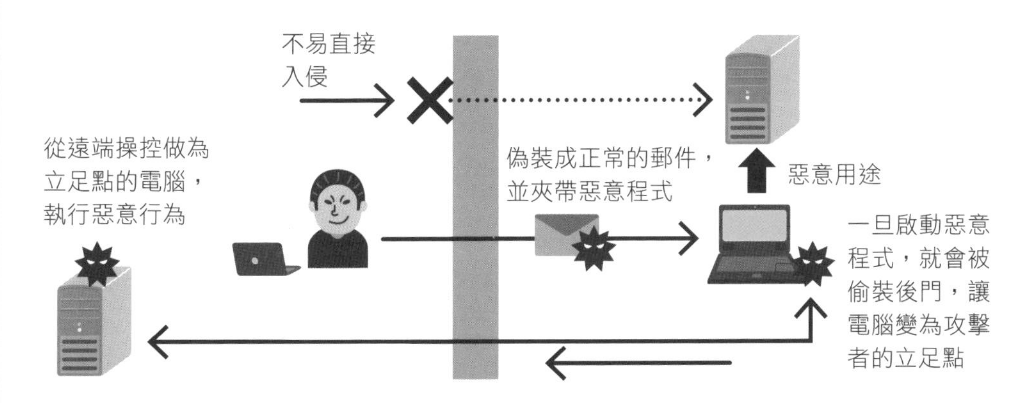

● 為什麼無法阻止偽裝郵件寄送

- 惡意程式特徵獨特，尚未建立病毒碼，以致防毒軟體偵測不出來
- 它和平常系統所處理的正常郵件，無論在格式或內容上皆極為類似，因此容易被垃圾郵件過濾器所忽略

11 擬定安全策略

「安全策略」是為了讓組織維持高度安全性而擬定的整合性方針或是行動等一系列的決策，使用網路的企業組織，大多會制定專屬的安全策略。一談到安全性，通常會引用一句成語，那就是「千里之堤，潰於蟻穴」，無論多麼固若金湯的城池，一旦出現小缺失，恐將導致全面崩盤，即使業務據點規模微小，只有寥寥幾位業務人員，只要透過網路和總公司互相連結，就有必要認真地思考安全性這個問題。假設他們還沒有安全政策，就得盡快擬定出來，不過，要付諸行動可沒那麼簡單，必須讓經營層參與其中，並進行通盤的考量。雖然如此，在安全策略出爐之前，網路安全絕不能處於空窗閒置狀態，因此當企業一建置網路後，首先第一步就是先訂定運作規範。

●管理對策建置重點

維護資訊安全的具體對策就稱為管理對策，思考管理對策時，除了將目前所考量到的項目列出外，還必須分成幾個層面，如技術面、實體面及人員面等面向的對策分別思考。「技術面對策」就是運用某種技術架構以保障資訊安全，換句話說，也就是所為了網路安全對策，具體來說，如防火牆、防毒軟體或是 IDS 等。「實體面對策」就是運用實體的部門機構以保障資訊安全，此對策和網路無關，是過去已經存在並執行的作法，具體來說，如門禁管理、伺服器機房安全鎖鎖定或是警衛巡邏等。「人事面對策」指的就是對人員的一舉一動提高警覺以保障資訊安全，對於社交工程的防禦行動等就屬於這一類的對策，具體來說，像是電腦、媒體攜出 / 攜入管制、郵件附加檔使用管制、嚴禁傳送機密資訊等。管理對策並非擬定完成後就永遠高枕無憂了，最重要的就是運用 PDCA(品質管理) 循環，與時俱進持續更新對策。

補充 一般來說，安全性提高了，方便性卻跟著降低，反之亦然，PDCA 循環這一類的手法有助於決策者在安全性和方便性中間找到一個最佳平衡點。

看圖學觀念！

● 在安全政策出爐前，按照運作規範確實執行

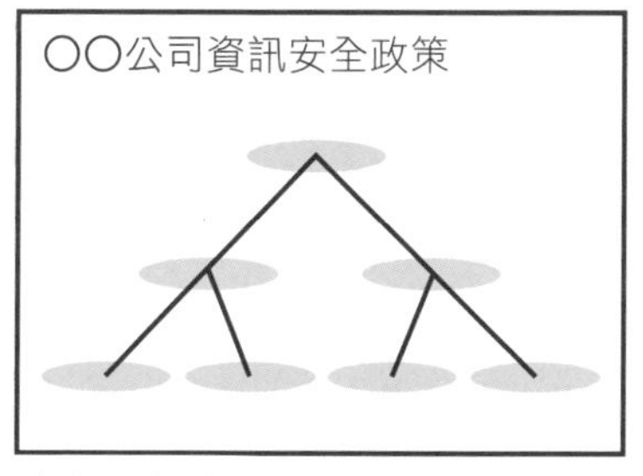

要建立理想的政策需要耗費很長的時間

在安全政策出爐前，建立一套運作規範並依規定切實行事，也不失為解決方法之一

● 管理對策可分為 3 類

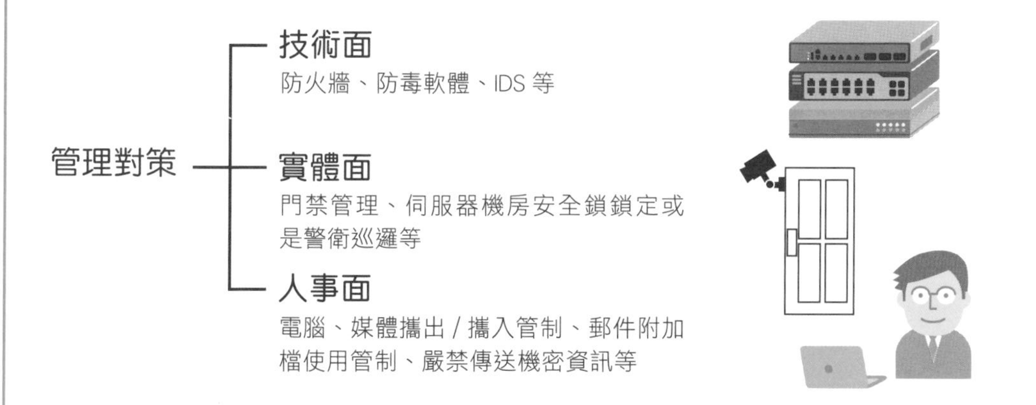

● 利用 PDCA 循環管理，更新管理對策

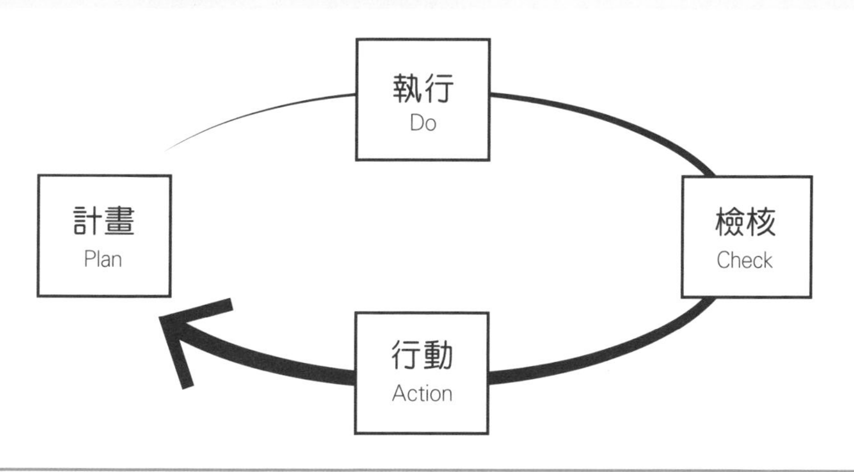

MEMO

Chapter

7

網路建構及操作方式

本章將告訴使用者，親自建構並操作網路時需要哪些知識與技巧，其中包含了網路監控方法及障礙排除原則，相信一定能讓讀者們獲益良多。

01 設計網路架構

設計的重要性

建構網路時，通常有幾種做法，一種是在既有的網路系統上增加新的網路，另一種則是從零開始，建立一個全新的網路。無論是哪一種，初期階段都需要投入大量的設計時間，以審慎的態度執行設計工作，目的在於滿足現有的需求，同時也為了因應未來的新需求，建立一個可長可久的網路系統。

設計步驟

設計一套網路，需要考量的因素包含各種層面，因此，設計步驟也相對地更複雜、更耗費資源。本節會介紹網路設計最基本需要考慮的要素，實際進行設計時，所需考量的層面將更為複雜。

首先，第一件要做的事就是**進行網路使用的相關調查**，調查內容包括使用人數、使用天數及時段、連線終端設備數、連線方法 (有線、無線)、使用者類型 (員工、訪客)、使用的應用程式、使用的 WAN 線路、安全性注意事項等。例如，**使用人數**就會變為後續要檢討子網路架構時的基本資料，而使用的**應用程式**則會被反映在路由器或防火牆封包過濾器的設定上。除此之外，除了利用現有的資訊來檢討每個項目外，還必須事先研判未來的變化趨勢，如此，設計出來的網路就更具備前瞻性。接下來可以透過檔案化的方式，將調查結果彙整起來，待日後需要使用時，就能輕鬆找到當初決策的脈絡，馬上就能回想起當初設計時的判斷基礎。

調查完成後，即可依序針對 LAN 架構、WAN 架構、安全性及監控等項目開始進行設計。有時候為了方便顧客服務，公司網路也必須提供內部員工以外的使用者登入使用，這時候思考層面應該更周全，才能避免讓公司內部網路成為有心人士攻擊的弱點所在。

看圖學觀念！

建構網路必須從設計開始

要建構一個網路，首先應從設計開始，先找出目前需求，再進一步思考將來需求，並以此為基礎著手設計。

設計網路的概略流程

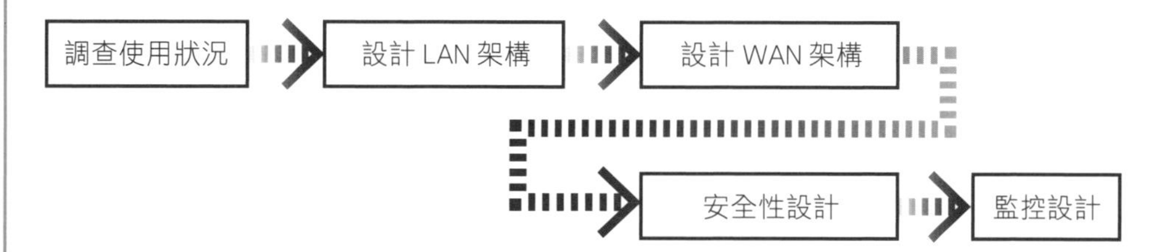

事前調查項目(範例)

- 使用人數
- 使用天數及時段
- 連線終端設備數
- 連線方法(有線、無線)
- 使用的應用程式
- 使用的 WAN 線路
- 安全性注意事項
- 使用者類型(員工、訪客)等

使用人數調查表(範例)

部門名稱	尖峰時段 / 平日人數			尖峰時段 / 平日人數			離峰時段 / 平日人數			離峰時段 / 假日人數			公司物品的台數		個人物品的台數	
	早	中	晚	早	中	晚	早	中	晚	早	中	晚	PC	MAC	PC	MAC
合計																

02 子網路架構及 IP 位址配置

子網路架構

以公司網路來說，除非它的規模很小，否則不會採用以整個網路為單一網路的架構，而是將網路分割成數個子網路，再讓它們互相連接。決定這麼做之前，必須事先做好調查，並根據不同部門的終端設備狀態，檢討應如何分割子網路。**一般的做法大多習慣將同一個部門劃分為一個子網路**，不過，對於有些公司來說，部門相同，但辦公室卻各自分開，或是同一個部門裡的終端設備特別的多，因此得分成不同的子網路。

IP 位址配置

確定好子網路的分割方式後，就可以開始為每個子網路配置網路位址了，一般配置的是私有 IP 位址，接下來，就是**設定子網路遮罩，讓不同部門的終端設備皆有足夠的 IP 位址可被指派**。例如，假設有某一個子網路，它可供連線的終端設備最多為幾十台，它們使用的網路為 192.168.1.0/24（最多可供 254 台連線），因為這個子網路可任意使用私有 IP 位址，因此配置 IP 位址時不需要受到數量限額的牽制，若是使用可變長度子網路遮罩，就能依照不同的子網路更改前置碼 (Prefix) 長度，在一般情況下，大多選擇將每個子網路的前置碼長度設定為一樣的數值，使用起來會更方便。

路由

網路的使用方式各有不同，有些要求特定的子網路之間不得互相通訊，這時候就必須設定好哪些子網路禁止通訊，接著再將設定內容反映在路由器的路由表或是過濾器上。

補充　只要提供源源不絕的公用 IP 位址，就有足夠的位址可供配置給辦公室裡的每台電腦，不過，最好還是透過 NAPT，安全性較有保障，所以前述作法甚少被採用。

看圖學觀念！

子網路大多以部門為單位

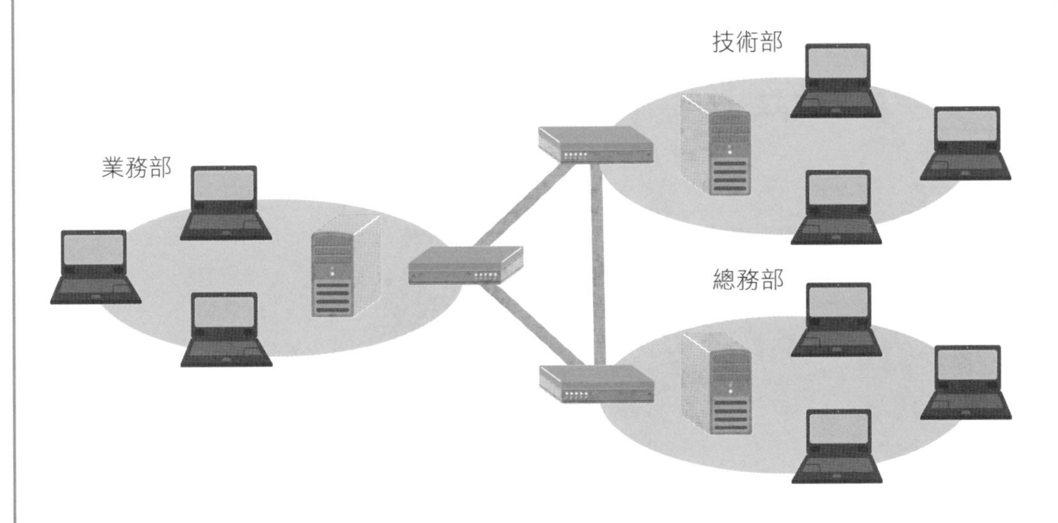

將 IP 位址配置給子網路

部門名稱	最大使用台數	所使用的子網路	可供連線台數
業務部	20 台	192.168.1.0/24	254 台
技術部	40 台	192.168.2.0/24	254 台
總務部	10 台	192.168.3.0/24	254 台

有時需要設定子網路之間是否互相通訊

	業務部	技術部	總務部
業務部		—	—
技術部	×		—
總務部	○	○	

有時候需要進一步依照不同的連線起點，設定是否互相通訊，這時候比較簡單的做法就是將前述的部門名稱定位為連線端，然後再用矩陣表來思考

03 硬體與軟體的選擇

選擇硬體設備

路由器或是交換器等網路設備服務對象為公司機構，它們一旦罷工將直接造成公司業務停擺，因此選擇產品時絕不能輕率馬虎。考量重點包含穩定性、互聯性、效能、功能、支援性、價格等。像交換器或集線器這一類的設備由於設置台數較多，因此還必須考慮到耗電量等問題。

選擇伺服器

近幾年有愈來愈多人在選擇伺服器時，**會開始思考究竟是要放在雲端，還是自建（On-Premise）（將伺服器建置在公司或機構裡）**。若選擇放在雲端，就必須考慮到安全性、公司內網的安全存取方法、反應速度，以及採用依量計費方式時則需思考每月申租費用等。相對地，若選擇自建伺服器，則必須建置在一個設有空調系統的地點，另外還必須考量停電及防災對策、備援方法等。挑選伺服器時，應根據 CPU 類型、記憶體容量、硬體容量、RAID 方式及網路介面速度等，選擇適合實際用途的規格。有別於自建伺服器，若將伺服器設在雲端，大部分皆可在申租後依實際的使用需求修改規格，若您不太確定自己所需要的規格，使用雲端伺服器也不失為好的方法。

伺服器適用的作業系統類型通常必須根據您所要運作的業務系統或是所要使用的應用程式類型來決定，若沒有特殊的選擇限制，也可以考慮以是否具有 Linux 管理技能作為判斷基準。若有能力駕馭 Linux 系統，不妨選擇 Linux，若否，則可考慮選擇 Windows server。至於雲端電腦，就沒有那麼多選項，大部分還是以 Windows 電腦為主流。在應用程式方面，大多以實際業務需求為判斷條件，有些應用程式除了購買時需要付費外，還必須支付月費或是年費等授權使用費，若是該應用程式提供「大量授權 (同一個企業行號享有應用程式使用權)」，也可以考慮採用這種方式來管理多機使用。

補充 自建伺服器大多採用雲端伺服器相同的架構來運作，目的在於擷取雲端伺服器的優點截長補短，像是提高修改規格時的機動性、升級更簡便等。

看圖學觀念！

網路設備評估重點

穩定性	全天候 24 小時 365 天全年無休正常運作
互聯性	能和對方正確連線並完成所交付的動作
效能	具備足夠的處理能力
功能	具備網路所需的各種功能
支援性	設有技術諮詢中心，可提供技術諮詢服務。設備故障時，維修更簡便
價格	符合所設定的預算範

選擇自建伺服器？或是雲端伺服器？

自建

考慮重點

- 設置地點必須設有空調
- 停電及防災對策
- 備援方法
- 是否有必要將規格升級

雲端

最近大多採用一種新做法就是讓使用者能依實際需求升級伺服器規格

考慮重點

- 安全性
- 公司內部的安全存取方法
- 反應速度
- 選擇依量計費方式時申租費用的預估

應用程式選擇重點

除了購買時需付費外，有些還必須支付授權使用費，因此這些支出的成本皆須納入考量。

購買價格		× 台數	… 購買時支付
+）授權使用費	× 期限	× 台數	… 每月或每年支付

應用程式所需花費的成本

授權使用費
授權使用費
授權使用費
購買價格

04 連線上網

當辦公室或家用網路要連線上網時，必須先選擇由哪家業者來提供網際網路連線服務。目前已經邁入光纖寬頻網路的時代，一般我們在連線上網時，基本上大多採用**有線寬頻網路服務** (如中華電信等電信公司) 和 **ISP 服務** (由網際網路服務供應商提供服務) 互相搭配的型態，兩者的搭配方式依您所選擇的有線寬頻網路服務不同，可分為自由搭配以及固定選項等兩種。以目前的上網申租方式來說，包含以下幾種： (1) 有線寬頻網路及 ISP 服務需分別申租 (2) 申租有線寬頻網路需搭配 ISP 服務的套裝方式 (3) 申租 ISP 服務需搭配有線寬頻網路的套裝方式 (4) 向光纖寬頻業者申租等，最後一項所提到的光纖寬頻業者指的就是向中華電信等電信業者購買有線寬頻網路服務。作為公司銷售項目的業者，這一類的業者所提供的服務和網際網路業務不一定具有直接關係。

● 有線寬頻網路

所謂有線寬頻網路指的就是由**最近的電信機房連接到辦公室或家庭的光纖線路**，決定有線寬頻網路時，除了申粗費用和簽約年限外，仍必須事先確認好這些事項。(1) 安裝地點是否超出服務範圍 (2) 是否能在指定期限前啟用完成 (3) 如需使用電信業者所指定的路由器時，該路由器的效能及功能等是否符合您的需求 (4) 適合安裝地點的室內配線類型是哪一種。前面所提到的幾個問題只要詢問電信公司，應能得到適當的解答。

● 選擇 ISP 的方法

上網時的實效速度除了受到有線寬頻網路的影響外，它還會依 ISP 所提供的服務而改變。不過，上網速度無法在申租前測量，因此只能參考測速網站的數據來決定。進行比較時，除了 ISP 名稱外，縣市鄉鎮或是時段等條件因素也應一併納入考量喔！

看圖學觀念！

使用光纖線路上網的基本類型

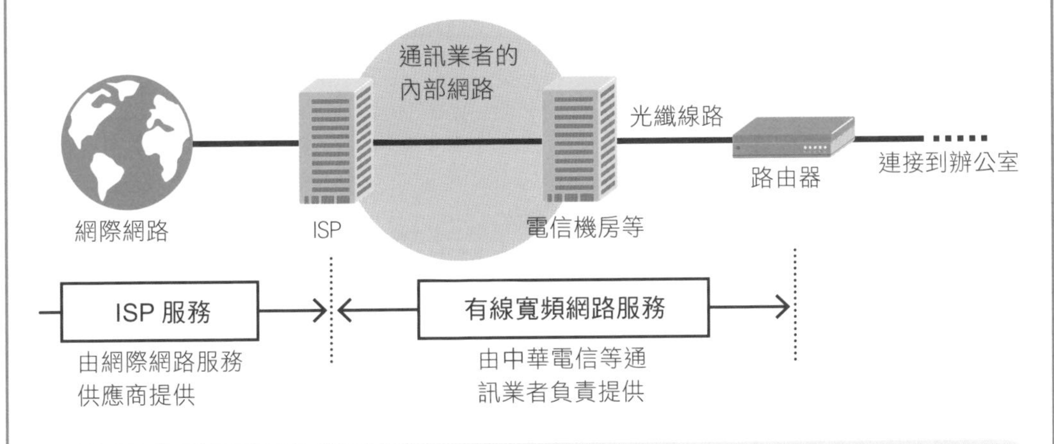

選擇有線寬頻網路前，應該確認甚麼？

除了申租費和簽約年限外，最好確認以下幾點：

(1) 安裝地點是否超出服務範圍

(2) 是否能在指定期限前啟用完成

(3) 如需使用電信業者所指定的路由器時，該路由器的效能及功能等是否符合您的需求

(4) 哪一種室內配線類型適合安裝地點 (光纖纜線)

提醒您！在所有的室內配線類型當中，以光纖纜線最快、最穩定

有線寬頻網路和 ISP 兩者皆會影響實效速度

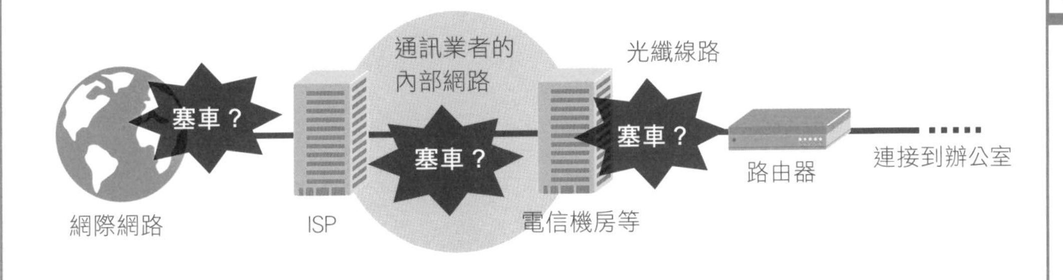

05 對外公開伺服器

●對防火牆設定 DMZ

將企業所屬的伺服器公開在網際網路上的方法有好幾種，像是將伺服器建置在企業內部、將伺服器設置在資料中心或是利用雲端伺服器等，本節將針對伺服器建置在企業內部的做法加以說明。將伺服器建置在企業內部，除了能在建置伺服器時，**確保穩定的空調設備與充裕的電源空間外，而且還能為防火牆設置 DMZ，並讓伺服器連接到 DMZ**。另外，可依實際需求設定新的檔案過濾器，或是設置負載平衡器，以分散伺服器負載。

●固定 IP 位址

將伺服器對外公開的目的是為了供其他電腦由外部進行存取，這時候通常需要配置一些**固定的公用 IP 位址**，而 ISP 會負責提供此種服務，大多數的 ISP 稱這樣的服務為「固定 IP(配發) 服務」。

●取得域名及 DNS 設定

要對外公開伺服器，通常需要配置**域名 (Domain Name)**，域名可透過註冊機構 (Registrar) 或是經銷商 (Reseller) 代為申請。取得並實際使用域名時，最少必須準備 2 台 **DNS 伺服器**，並向註冊機構或是經銷商註冊登記您所使用的 IP 位址等，這麼一來就能利用網際網路的 DNS 進行名稱解析。DNS 伺服器除了可以自己準備外，還有另外一種方法就是利用註冊機構或是 ISP 所提供的相關服務。

看圖學觀念！

● 對外公開伺服器前需要哪些設定？

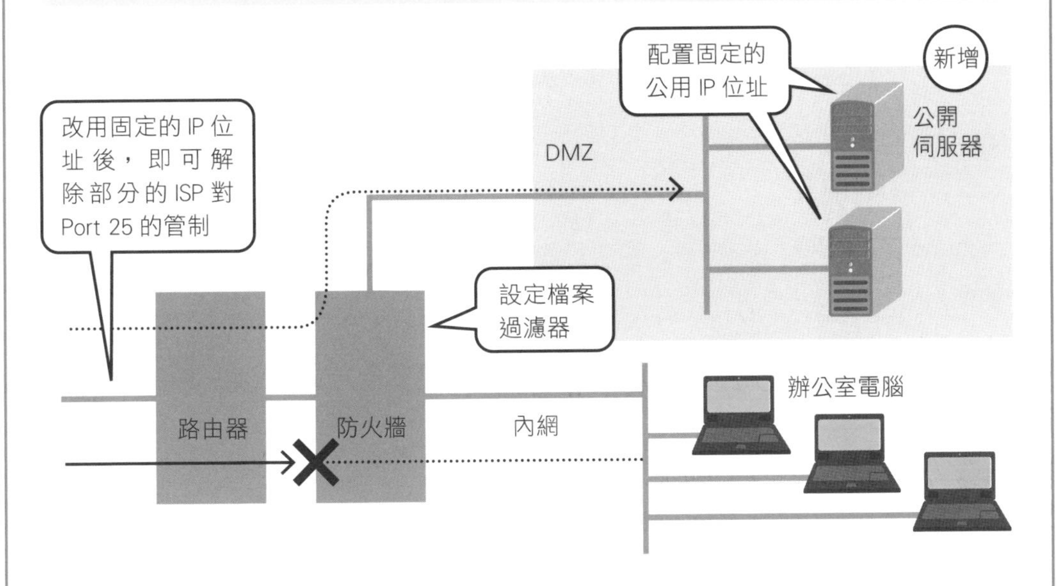

● 流量管制

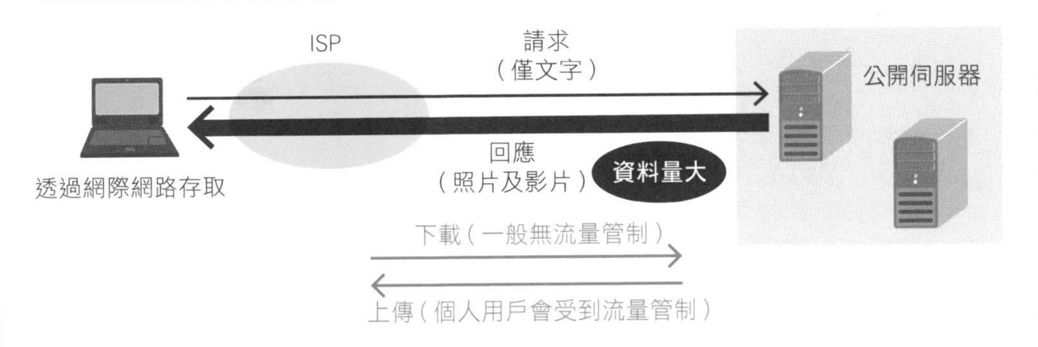

● 取得域名及 DNS 伺服器設定流程

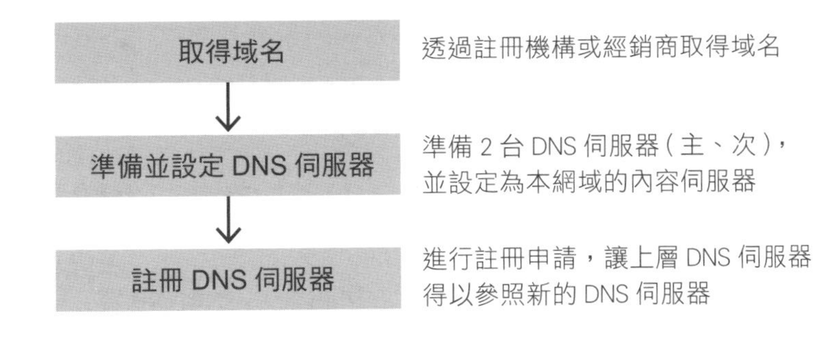

06 Windows 的工作群組及網域

工作群組概述

以辦公室最常用的 Windows 網路來說，主要可分為「工作群組」和「網域」等 2 種使用者管理方式。

所謂「工作群組」就是只要工作群組名稱設定相同的電腦即可瀏覽電腦列表，而工作群組中的成員電腦亦可瀏覽共用資料夾清單，而使用者名稱和密碼則由每一台成員電腦自行管理。比方說，若您要開啟共用資料夾，必須找到一台含有共用資料夾的電腦，並輸入您已經註冊在該電腦中的使用者名稱和密碼。由於工作群組中成員電腦的使用者名稱和密碼為各自獨立，因此假設您在某台電腦上變更了密碼，這個變更的動作並不會被反映到其他的電腦上，網路是由許多台電腦所構成的，此種特性會增加管理面的繁複性，所以通常工作群組較適用於電腦台數較少、較小型的網路。

網域概述

還有另一種使用者管理樣式，也就是所謂的「網域」，它是透過一種稱為「網域控制站 (Domain controller)」的伺服器，將使用者名稱及密碼進行集中管理，電腦必須加入某個網域，才能存取網域控制站，接著才能使用您所註冊在網域控制站中的使用者名稱及密碼進行使用者認證。以共用資料夾為例，只要先對網域使用者做好共用資料夾的存取設定，這麼一來，登入網域的使用者不需要使用密碼，也能任意存取共用資料夾，對於網域來說，使用者名稱和密碼皆可集中管理，因此只要您曾經變更密碼，這個變更的動作就會被反映在接下來的所有認證步驟中，此種特性讓網域更適用於大型網路。

補充 以工作群組來說，即使所有成員電腦的使用者名稱和密碼完全一樣，當它們在開啟共用資料夾時，仍然需要輸入使用者名稱和密碼。

看圖學觀念！

工作群組是由使用者個別管理

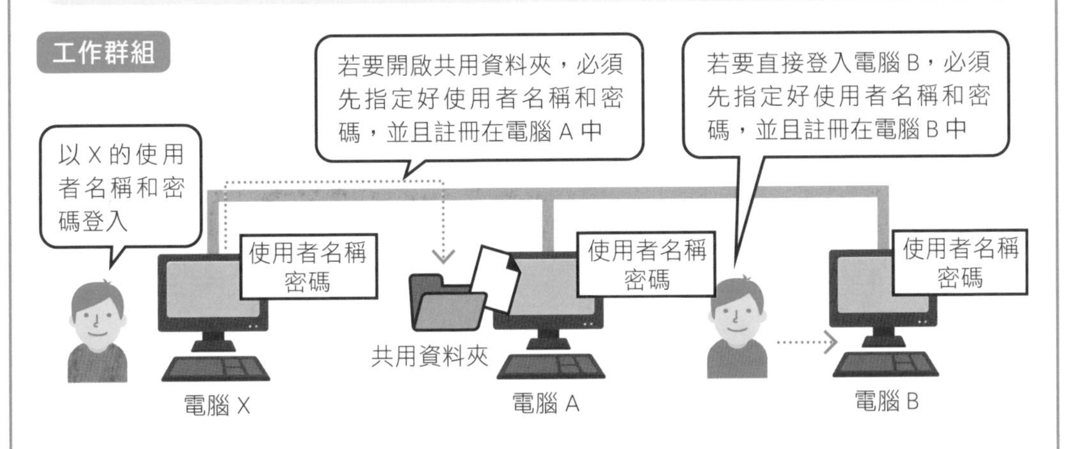

網域可將使用者集中管理

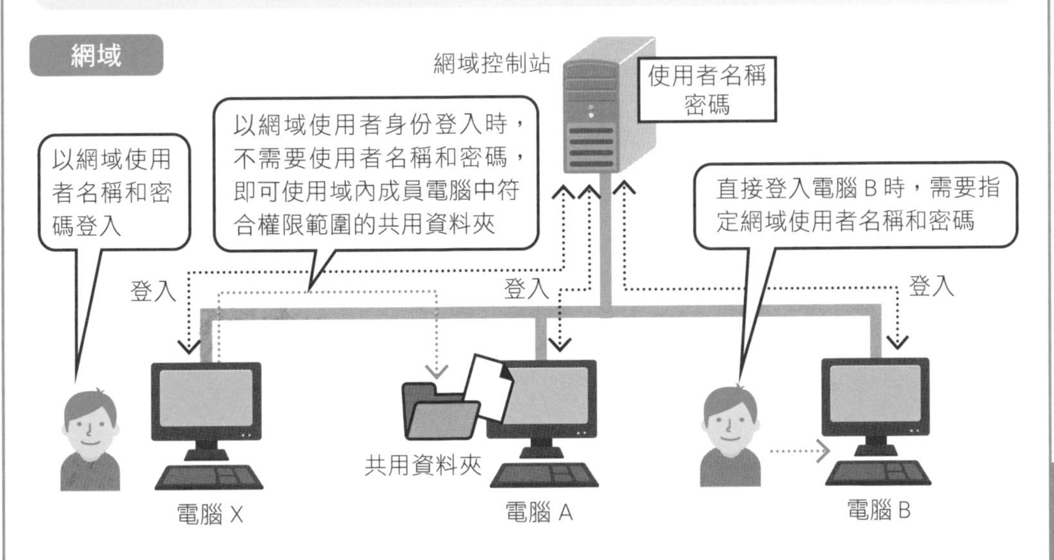

工作群組和網域比一比

工作群組的特徵	網域的特徵
・適合小型網路 ・門檻低、易上手 ・一旦群組內的成員電腦增多，使用者名稱和密碼將變得不易管理	・適合小型網路 ・需要 Windows Server ・可集中管理使用者名稱和密碼，即使成員電腦增加，也能輕鬆管理

07 目錄服務 (Directory Service)

甚麼是「Ditectory Service (目錄服務)」

「Directory(目錄)」類似通訊錄 (含地址、人名等) 的意思，例如手機內的通訊錄，它的格式通常是「A 先生○○網網相連公司研發課○○電話 :588-5888」，就是將人名、地址和聯絡電話互相對應並加以彙整的一種資料，以方便隨時取用參考。「Ditectory Service (目錄服務)」在概念上就和通訊錄極為類似，它所提供的服務就是**將電腦或網路設備的位置、獨一無二的資料、設定等對應關係加以彙整**。電腦的目錄服務較適用於大型網路，原因很簡單，因為小型網路所涵蓋的電腦台數較少，資料管理只要透過簡單的記錄即足以應付，不需要這個功能。

目錄服務處理哪些資料

一般來說，目錄服務負責處理的資料有使用者 ID、密碼、郵件地址、共用資料夾、共用印表機及伺服器等資訊等。目錄服務處理的範疇包含了使用者 ID 和密碼，因此在進行登入處理時，有時候必須扮演資料庫的角色並提供瀏覽功能，而並不僅限於資訊參照而已，這時候，一旦貿然停止目錄服務，恐將釀成無法登入網路等重大網災，因此最好的做法就是設置好幾台目錄伺服器，或是採用分散設置方式。

目錄服務的類型

最常用來存取目錄服務的通訊協定為 LDAP (Lightweight Directory Access Protocol: 輕量級目錄存取協定)，主要的目錄服務有適用於 Linux、Windows、MAC OS 等環境的 Open LDAP，它屬於 Open source (開放原始碼)。另外還有 Windows Server 內建的 Active Directory，以及 MAC OS X Server 的原生目錄服務 - Open Directory 等。

看圖學觀念！

「Directory(目錄)」原意為通訊錄

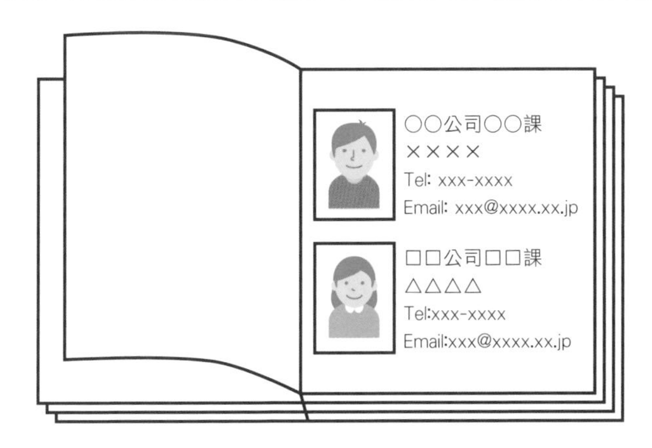

用戶端可瀏覽目錄伺服器所管理的所有資料

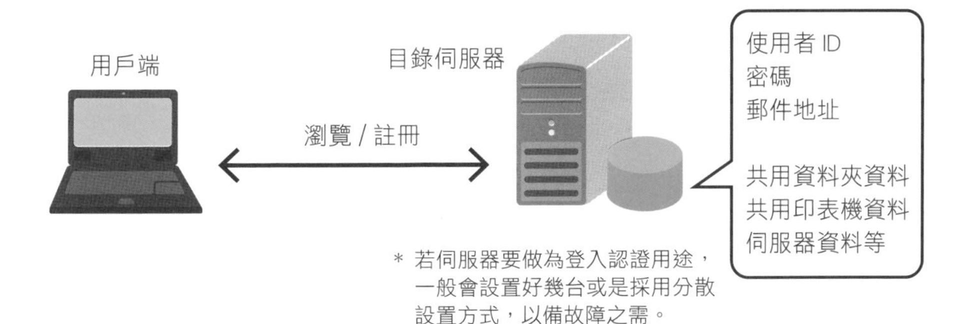

幾種常見的目錄服務

Open LDAP	適用於多種作業系統
Active Directory	主要適用於 Windows 系統
Open Directory	主要適用於 MAC OS 系統

08 LAN 配線架設與加工

辦公室若要架設 LAN 配線可以採用 2 種方法，第一種是自己架設，另一種則視委由專業廠商代勞，架設 LAN 配線這項作業的難度並不高，不過，如果配線作業需要跨過不同的房間或樓層、或者是配線數量太多的話，建議您最好委交專業廠商會比較恰當！

● 委交專業廠商，需要注意哪些重點

委交專業廠商時，首先必須注意幾個選擇廠商的重點，一般可能會找朋友介紹，覺得比較放心，不過如果沒人可以介紹的話，就得評選廠商，並從中選擇值得信賴的，委由專業廠商前，一般必須經過幾個流程，那就是溝通討論、實地調查、報價、簽約 / 發包、施工、維護保養等。

● 自己架設需要注意哪些重點

若決定自己架設 LAN 配線，首先第一步要做的就是選擇纜線以及其他需要的材料，或是到材料行裁切所需長度的纜線，並裝好接頭。自製纜線得花費時間和人力為纜線加工，進行加工時，請先將 LAN 纜線穿過您所要架設的地點，接著使用壓接工具，對 LAN 接頭進行壓接。最後利用網路線測線器檢查一下剛才所做的加工是否正確。另外，選擇 LAN 纜線和 LAN 接頭時，應根據乙太網路規格，挑選適合的型號 (第 4-1 節)。乙太網路纜線類型眾多、各有各的特色，有些比較細，適合用來配線，有些較為扁平，適於放置於地毯下，所挑選的類型只要能符合現場配線的實際狀況即可。除此之外，纜線可分為**單心線**和**絞線**等 2 種，單心線的傳輸效率較高，因此如果需求的配線距離較長時，建議選擇單心線，只不過從力學的角度來看，單心線的強度較差，因此在處理纜線時應特別注意，假如 LAN 配線會經過地板或牆壁，最好搭配線槽使用，不但能保護纜線，同時還能顧及美觀，而且線槽還能配合牆壁和地板顏色。此外，纜線應盡量走同一個路徑，並且避免設置過多的線槽。

補充 纜線規格愈高，其內部結構也更為複雜，纜線加工或壓接方式或許不同，需要花點時間去習慣，建議您不妨事先做點練習。

看圖學觀念！

委交專業廠商的流程

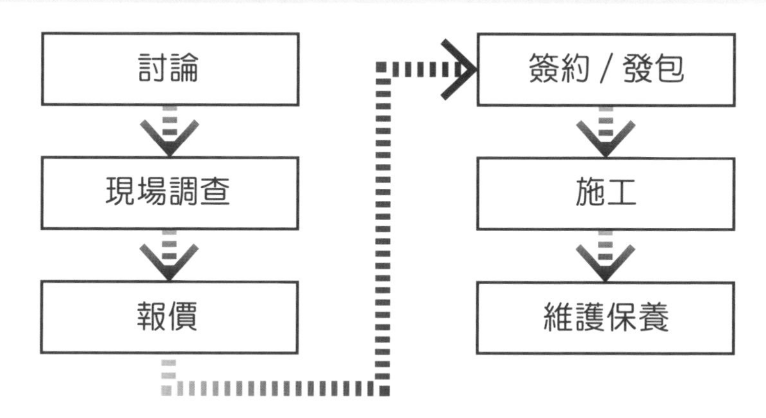

LAN 纜線也能自製

只要準備纜線、接頭和幾樣工具，就能根據所需求的長度，自製 LAN 纜線。

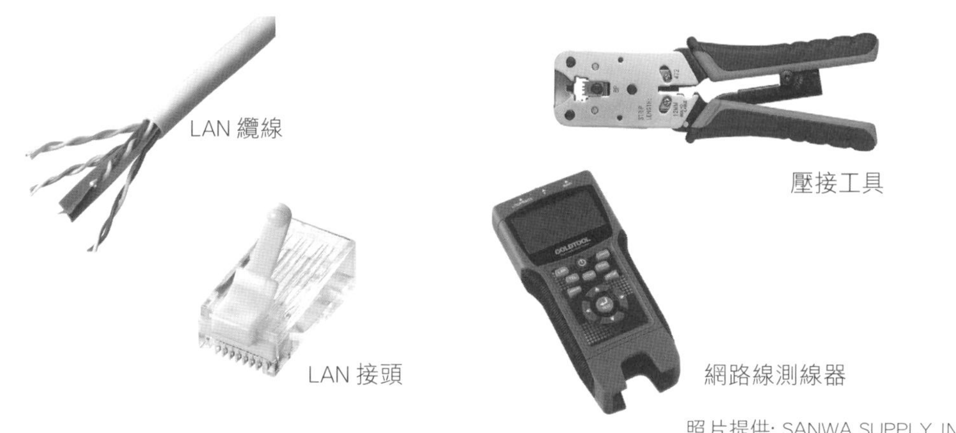

照片提供: SANWA SUPPLY INC.

若要將纜線藏在地板下，需使用線槽 (纜線蓋板) 加以保護。

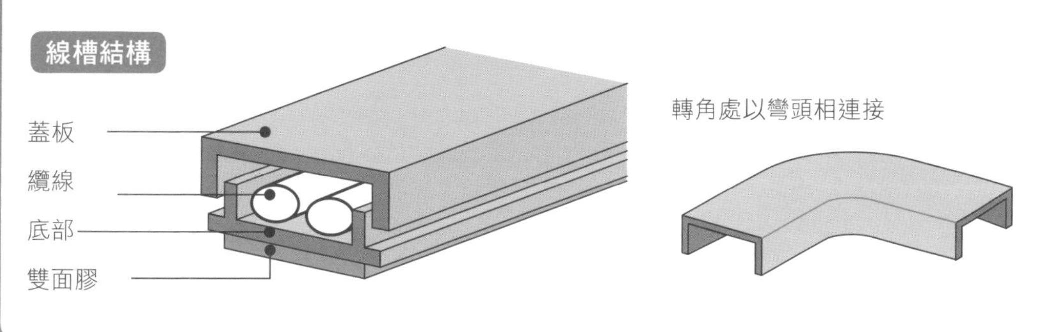

09 確保穩定的電源

要讓電腦和網路設備穩定運作，穩定電源品質是絕對不可或缺的，設備在工作狀態下突然遇到斷電是難免之事，正因如此我們更得注意電源的品質問題。談到常見的電源意外，可分類為以下五種。

(1) 停電：一旦停電，路由器和交換器這些設備除了停止動作外，並不會發生其他問題，不過，電腦或是共用儲存設備，則會造成寫入資料遺失、檔案系統毀損甚至是無法啟動等嚴重的損失。

(2) 瞬間停電：此種意外發生在數百微秒 ~ 數百毫秒，如電光火石的極短時間裡，是一種交流電源斷電的現象，有可能在電力系統實施換裝工程時發生，此種現象往往容易導致設備誤動作或電腦故障。

(3) 電壓驟降：如我們所知，台灣的交流電電壓是 110V，但事實上電壓會在某個範圍內變化，而且隨著地點不同，平常的電壓亦有所差異，有些大樓在同一個配電系統中安裝了大電流的設備 (像是大型馬達或空調系統等)，當設備啟動時，有可能造成電壓驟降的情形，而電壓驟降通常會導致設備運作異常。

(4) 雜訊干擾：此類意外會在外部電能進入電源線時發生，原因為工業設備強大的雜訊干擾，或是雷擊等，這些原因恐將造成設備設備運作異常。

(5) 棘波 (Spike) 和突波 (Serge)：這是一種發生在幾奈秒 (ns)~ 幾毫秒之間，也就是極短時間內所產生的異常高電壓現象，波長較短的稱之為「棘波」，較長者則為「尖波」，原因有可能是雷擊或大功率設備緊急停機等。棘波和突波往往容易造成嚴重的災害，像是設備內部電路損壞或記錄資料消失等。

發生電源意外時，可考慮以下幾種因應對策，像是使用內置雜訊濾波器或突波保護器的延長器，或者是加裝 UPS (不斷電系統： 一旦交流電源斷電，可在某段時間內以電池供應 AC100V 電壓的設備)。

補充 部分廠牌的 UPS 內建有雜訊濾波器或突波保護器。

看圖學觀念！

● 幾種常見的電源意外

(1) 停電 .... 電力公司停止供電

(2) 瞬間停電............ 電力公司瞬間停止供電

(3) 電壓驟降電 .... 壓突然下降

(4) 雜訊干擾............ 外部強力的雜訊干擾進入電源線

(5) 棘波、突波 .... 短時間內出現異常電壓

● 特別需要注意的是雷擊等所造成的棘波和突波

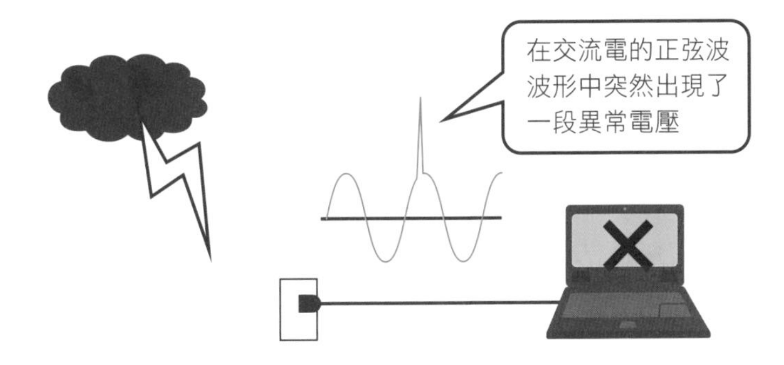

● 某些 UPS 廠牌內建有雜訊濾波器或突波保護器

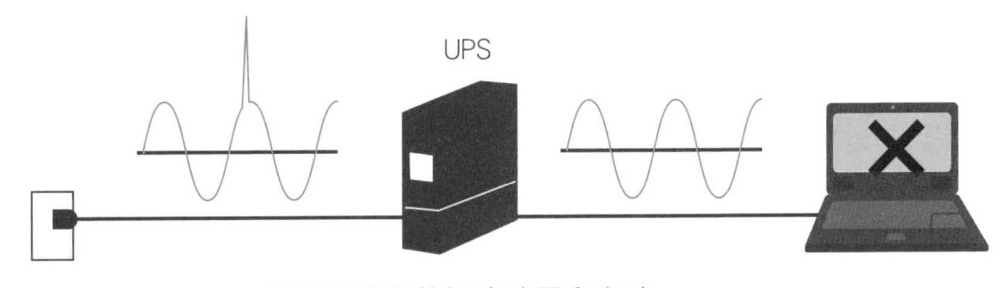

選擇內建有雜訊濾波器和突波
保護器的 UPS，安全有保障

10 冗餘備援

為了因應區域網路線斷線或發生故障時的不時之需，有個作法是將連接到區域網路的路徑「冗餘化」，也就是將連接到區域網路的路徑複製成好幾個，不過這時候就會讓廣播訊框在區域網路中無限次轉發，形成所謂的「**廣播風暴 (Broadcast storm)**」，因此使得整個網路停擺。

以右圖來看，這裡有 2 個路徑，一個是直接將交換器 1 和交換器互相連結的路徑，另一個是透過交換器 1 相連的路徑，它們形成一個迴圈 (Loop)。假設有一個使用 ARP 的廣播封包被傳送到交換器 1，當交換器 1 收到廣播訊息後，它就會將這個封包直接轉發給接收通訊埠以外的所有其他通訊埠，如果每一個交換器都執行這樣的動作，就會發生**廣播訊框在迴圈中無限制傳送的異常狀態** (本範例為雙向)，此種狀態就稱為「廣播風暴」。一旦發生廣播風暴，就會佔用所有的網路頻寬，以致通訊發生困難，而電腦接收了大量的廣播訊框，必須疲於處理這些訊框，負載量也將激增。

● 如何避免廣播風暴

然而，要提高網路的可靠性，冗餘備援還是方法之一。這時候就必須思考一個既可以建立多個路徑，同時還能避免廣播風暴產生的好辦法，那就是「**STP (Spanning Tree Protocol: 擴展樹」協定**。使用 STP 協定，就能讓交換器將迴圈中所產生的通訊埠關閉，藉以避免廣播風暴發生。當平常所使用的路徑故障時，STP 協定就會開啟那些被關閉的通訊埠，並利用那裡的路徑重新啟動通訊作業。最近幾年有一種可用來建立冗餘化結構的新做法，稱之為「**交換器堆疊 (Stacking)**」。這種方法是將多台交換器互相堆疊 (Stack)，看起來像是只有一台交換器一樣，透過連接線和子交換器互相連接，使用時必須將兩邊互相綁定，此種架構並不會形成迴圈，因此不需要用到 STP 協定，就能達到網路冗餘備援的目的。

補充 廣播風暴會在交換器所形成的迴圈中發生，並不會在路由器間出現，因為路由器並不負責傳送廣播訊框。

看圖學觀念！

甚麼是「廣播」

廣播無限制地增加網路負載的現象即稱為「廣播風暴」。

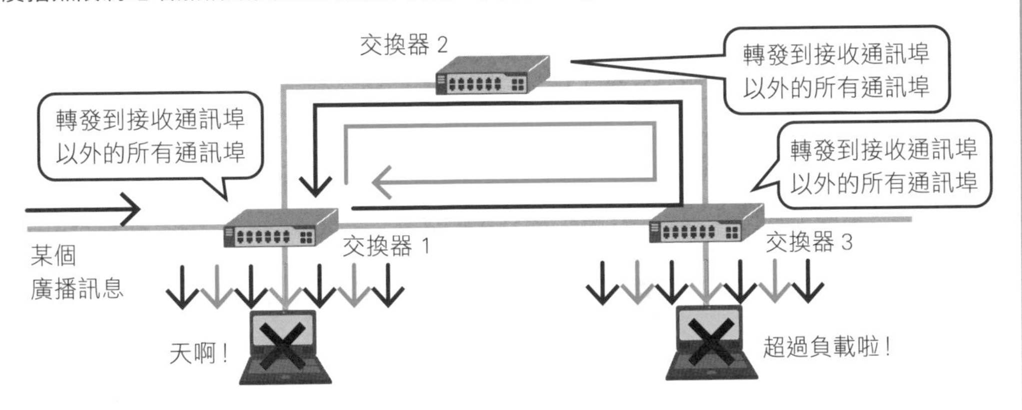

STP 協定可避免廣播風暴

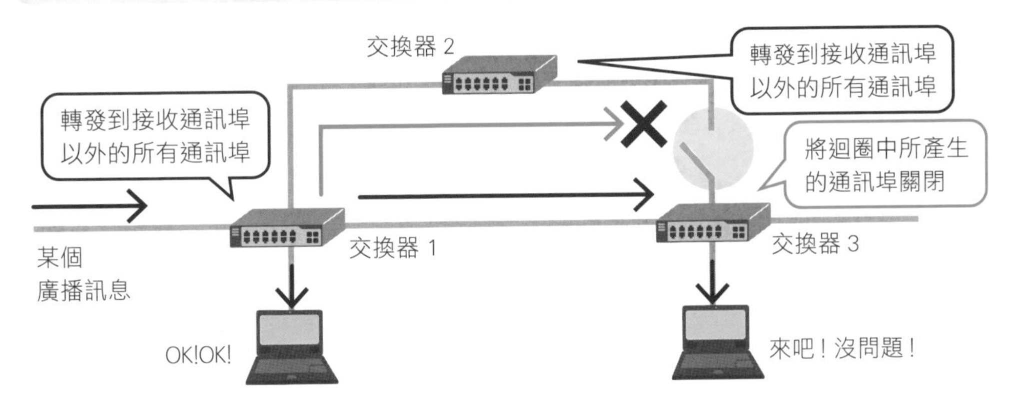

交換器的堆疊架構

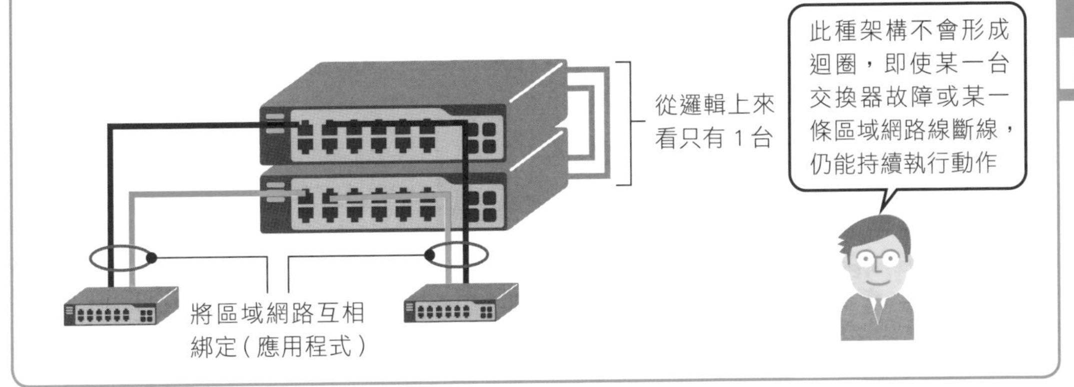

11 網路監控

監控網路是否正常運作的行為就稱為「**網路監控**」，監控的方法大致可分為 2 大類，第一種是由設備自我監控，另一種則是由外部監控設備或網路，前者所做的監控動作取決於設備本身的功能，本節所要介紹的是後者。

● 存活監控及狀態監控

從外部監控設備時，經常用到「**存活監控**」和「**狀態監控**」這兩個名詞。所謂「**存活監控**」指的是將 PING（正確說法是 ICMP ECHO 請求）傳送給標的設備，當設備收到後就會送回一個回應做為確認，藉以瞭解設備是否正常執行動作。這種監控方法經常被用來監控伺服器或網路，若未收到 PING 回應，就表示標的設備或是網路路徑其中一方發生問題。要確認是哪一方的問題，有一種方法就是利用別台設備同時對該路徑進行監控，假如別台設備得到 PING 回應，就表示網路功能正常，並研判有可能是設備出了問題。

而「**狀態監控**」指的是讀取儲存在標的設備內部的統計資料，並根據所讀取到的數值確認設備是否正常，或是找出異常所在。「存活監控」只能看出設備執行動作時「正常 / 不正常」，而「狀態監控」則能聚焦於設備的動作加以監控，像是「設備負載率超過某個正常值」或是「網路壅塞程度已經超過標準值」等，後者的監控的機制更為複雜。

● SNMP 及監控系統

執行狀態監控時，最常用來讀取統計資料的一種方法就是 **SNMP(Simple Network Management Protocol: 簡易網路管理協定)**。SNMP 利用兩種方法來讀取資料，第一種稱之為「**輪詢 (Polling)**」，定期由外部讀取資料，另一種為「**自動回報 (Trap)**」，也就是由設備自動回報資料，目的不同，適用的方法亦各異。除了存活監控和狀態監控外，還可以使用一種專用的監控引擎，或者是可精細監控整個網路的軟體等，像是在 Linux 環境下執行的 Zabbix、Nagios 等即為一例。

補充 PING 可用來測量到達標的設備來回所需的時間，持續監控數值的變化，即可推判出網路的壅塞程度或是路徑變化等。

看圖學觀念！

常用的幾種監控方法

存活監控

只單純地監控標的設備是否有回應

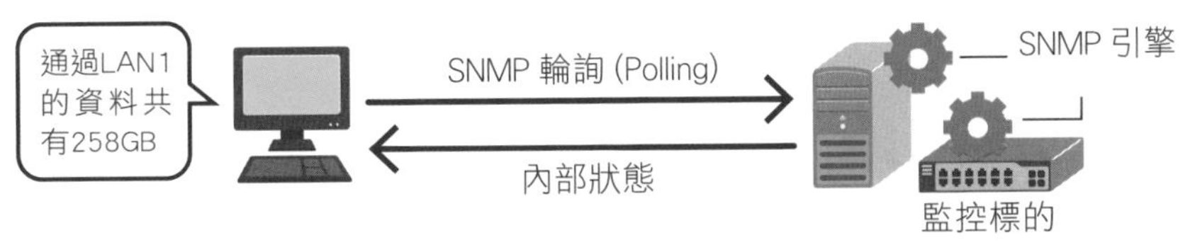

狀態監控

讀取各種內部狀態並精細地監控

利用存活監控判別是設備故障或是網路故障

僅針對一台設備進行監控，一旦發生問題，無法判別是設備停止動作，或是網路出錯。

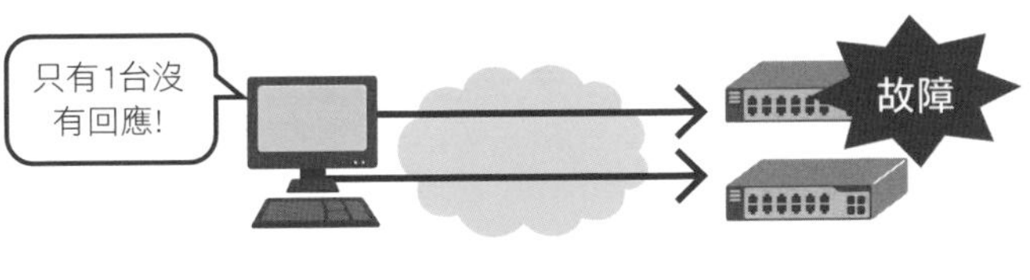

針對經過同樣路徑的 2 台設備進行監控時，當某一台發現異常，就能判斷是設備故障，若兩台同時異常，則能推判為網路故障，因為假設 2 台設備同時故障的可能性極低。

2台
都沒有回應！

故障

SNMP 利用輪詢和自動回報方式，處理狀態資訊

SNMP 管理者
負責讀取設備資料的程式

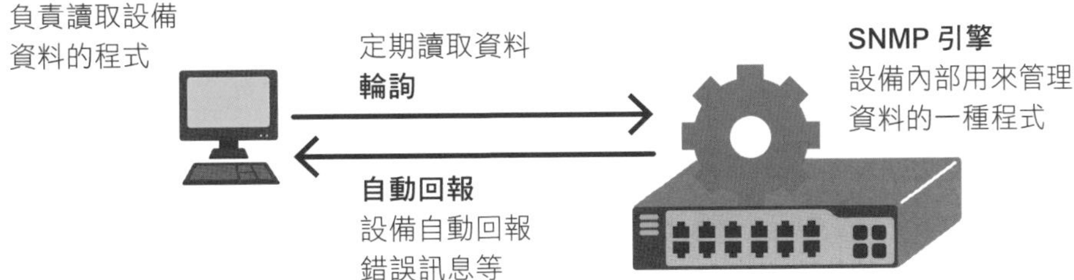

SNMP 引擎
設備內部用來管理資料的一種程式

12 故障排除

網路的動作牽涉到許多相關要素，這些都會造成網路「無法使用」或是「網路動作異常」等症狀，不過光從症狀就要找出原因並不容易。比方當電腦發出一個訊息「無法連線到伺服器，網路發生異常」，這時候可能的原因有很多，有可能是伺服器異常、路由器故障、區域網路線有問題，或者是人為操作錯誤等 ... 因此當異常發生時，首先必須進行「切割」，所謂「切割」就是「當異常發生時，在動作正常的部分和發生異常的部分劃一條明確的界線，將這條界線慢慢地移動，同時鎖定並找出異常的位置所在」。網路發生異常時首先就是要透過切割的方式找出異常原因，並提出相關因應。

● 使用 PING 指令來調查原因

「PING 指令」是某一台電腦將 ICMP ECHO 封包傳送給已被配發 IP 位址的網路設備或伺服器，接著再檢測設備是否將回應送回來。多數業系統像是 Linux 和 Windows 等皆建置了這個指令，收到 PING 回應代表區域網路線、交換器、路由器和路由等的動作皆為正常。以層別的角度來看，代表從實體層到網路層的功能完全正常。PING 指令經常做為切割用途，通常我們會試著將 PING 傳送到網路上的每一台設備，然後再看看哪一台設備送出回應，藉以瞭解正常和異常的分界線。

● 使用 ding 和 nslookup 指令進行名稱解析

和域名所指定的對象進行通訊時，首先必須將域名轉換為 IP 位址，進行所謂的「名稱解析」，接下來就能和對方開始通訊了。要確認這一連串的動作可正常執行到哪一個階段，必須運用切割這項方法，比方說，當電腦出現一個「無法和目的端進行通訊」的問題，首先必須透過 dig 指令和 nslookup 指令來確認名稱解析的結果，如果正常，接著再確認到達的目的端的到達性。

看圖學觀念！

利用切割的做法找出原因

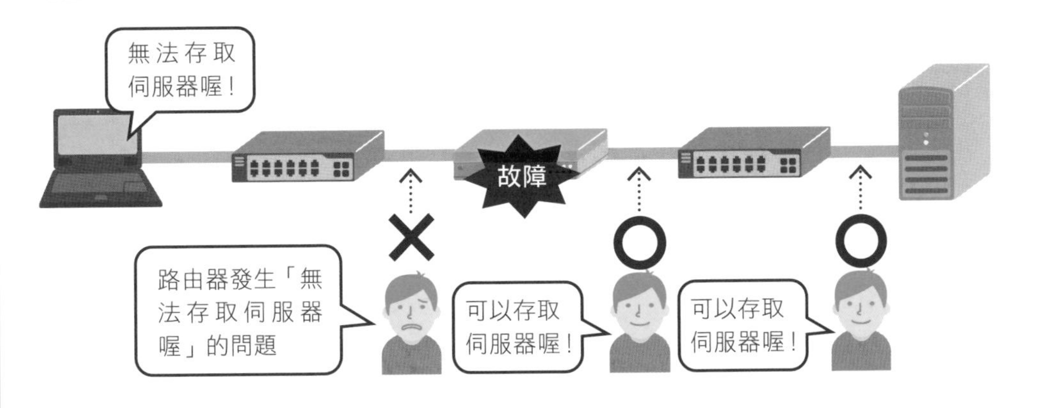

利用 PING 指令進行切割

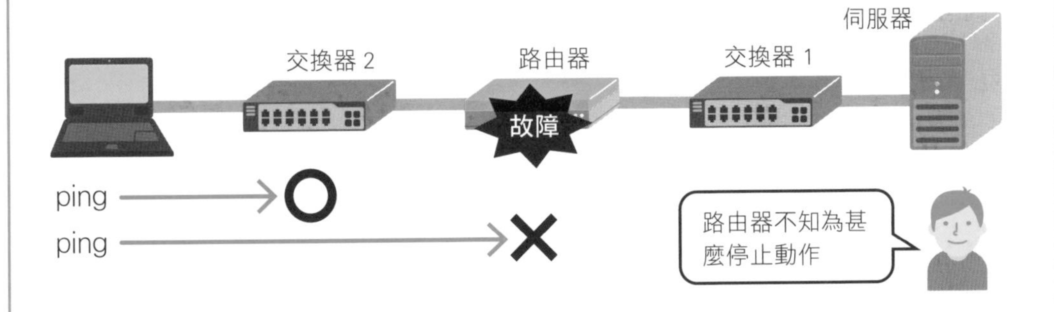

利用切割的作法，確認一連串的動作可正常執行到哪一個階段

例如，當網頁瀏覽器無法順利存取網頁伺服器時：

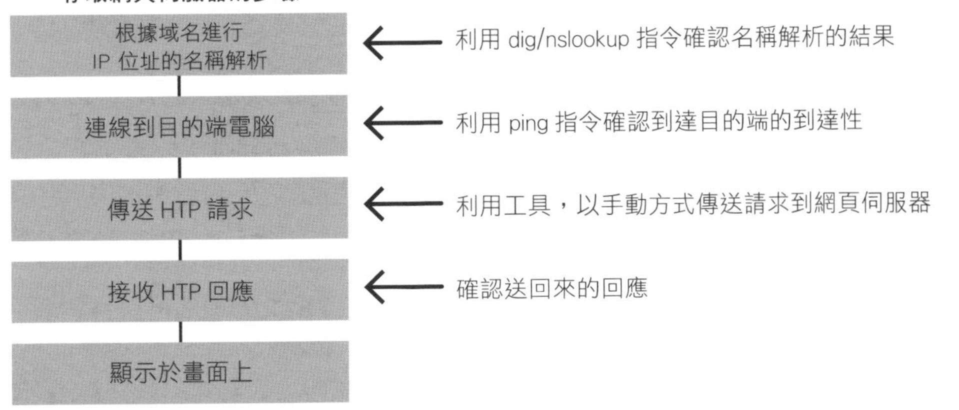

COLUMN

運用行動網路連線建立網路備援

只要建置好網路備援機制，即可避免故障時措手不及，然而要付諸執行，卻必須耗費許多人力與物力成本。有些連線類型並不特別要求速度或品質，執行此機制的動機或許不夠強烈，這時候可以考慮一種做法就是以行動網路連線的網路做為備援。

實際做法依網路設備的機型而異，只要路由器內建了「**當主要的 WAN 連線斷線時，立刻以行動網路連線取代，以確保通訊品質**」的功能，那麼建立網路備援也不是那麼困難了。

一般來說，行動網路使用速度最高的 LTE 和 4G 最為方便，不過，實際的通訊速度則依終端設備所使用的行動連線網路環境而改變。相較於光纖固網，行動網路的速度較慢，速度變化幅度也較大，使用前必須掌握這些重點。

以行動網路進行備援，除了能做為 WAN 連線故障時的因應對策，還可在大地震或颱風等緊急天災發生時，作為緊急通訊手段。行動網路能否在緊急事故發生時發揮正常的通訊功能，還得實際運作之後才能知曉，這也意味著我們應準備好一些和主網路不同的媒體或路徑，以確保連線的多樣化。只要本著此一原則，即使對於像是總公司等通訊流量較大的地點來說，也能透過行動網路有效建立備援機制。